Joshiyara Narendra S.
Bharai Radhika A.
K. D. Patel

Efeito de fertilizantes orgânicos, inorgânicos e biofertilizantes no crescimento

Joshiyara Narendra S.
Bharai Radhika A.
K. D. Patel

Efeito de fertilizantes orgânicos, inorgânicos e biofertilizantes no crescimento

rendimento e qualidade do quiabo
(Abelmoschus esculentus L. Moench)

ScienciaScripts

Imprint

Any brand names and product names mentioned in this book are subject to trademark, brand or patent protection and are trademarks or registered trademarks of their respective holders. The use of brand names, product names, common names, trade names, product descriptions etc. even without a particular marking in this work is in no way to be construed to mean that such names may be regarded as unrestricted in respect of trademark and brand protection legislation and could thus be used by anyone.

Cover image: www.ingimage.com

This book is a translation from the original published under ISBN 978-620-7-46552-1.

Publisher:
Sciencia Scripts
is a trademark of
Dodo Books Indian Ocean Ltd. and OmniScriptum S.R.L publishing group

120 High Road, East Finchley, London, N2 9ED, United Kingdom
Str. Armeneasca 28/1, office 1, Chisinau MD-2012, Republic of Moldova, Europe
Printed at: see last page
ISBN: 978-620-7-71474-2

RESUMO

Palavras chave: Quiabo, Orgânico, Inorgânico, Biofertilizantes, SST, Fibra bruta, Carboidratos.

A presente investigação intitulada "Efeito de fertilizantes orgânicos, inorgânicos e biofertilizantes no crescimento, rendimento e qualidade do quiabo (*Abelmoschus esculentus* L. Moench)" foi realizada na Fazenda Educacional, Politécnica em Horticultura, JAU, Junagadh durante o ano de 2020. O experimento foi estabelecido em um projeto de blocos aleatórios com três repetições e dez combinações de tratamento. A combinação consiste em dez tratamentos T_1 - Dose recomendada de fertilizante N:P:K (100:50:50 kg/ha), T_2 - FYM (20 t/ha), T_3 - Vermicomposto (5 t/ha), T_4 - Biofertilizantes (*Azotobactor* + PSB + KSB, cada 2 litros/ha), T_5 - 50 % RDF + FYM (20 t/ha), T_6 - 50 % FTR + Vermicomposto (5 t/ha), T_7 - 50 % FTR + Biofertilizantes (*Azotobactor* + PSB + KSB, cada 2 litros/ha), T_8 - 75 % FTR + FYM (20 t/ha), T_9 - 75 % FTR + Vermicomposto (5 t/ha) e T_{10} - 75 % FTR + Biofertilizantes (*Azotobactor* + PSB + KSB, cada 2 litros/ha).

O resultado indicou que entre dez tratamentos, T_6 [50 % RDF + Vermicomposto (5 t/ha)] deu germinação máxima (97,33 %), altura da planta (197,67 cm), número de ramos por planta (3,07), dias mínimos para a primeira floração (39,13), número máximo de frutos por planta (15,07), peso do fruto (21,53 g), comprimento do fruto (19,27 cm), diâmetro do fruto (17.06 mm), dias mínimos para a primeira colheita (46,33), rendimento máximo de frutos (12,97 kg / parcela), rendimento de frutos (18022,77 kg / ha), TSS ($6,70^0$ Brix), fibra bruta mínima (31,33 %), carboidrato máximo (6,79 g / 100g) e também por economia, tratamento T_6 [50% RDF + Vermicomposto (5 t / ha)] deu mais realização líquida ₹ 90260,02 por hectare. Enquanto o máximo de nitrogênio disponível no solo (356 kg/ha), fósforo disponível no solo (45,20 kg/ha) e potássio disponível no solo (399 kg/ha) foram encontrados em T_9 [75% RDF + Vermicomposto (5 t/ha)].

Com base nos resultados obtidos na presente investigação, conclui-se que o tratamento T_6 [50% FTR + Vermicomposto (5 t/ha)] teve um efeito significativo no crescimento, rendimento e qualidade do quiabo e o T_9 [75% FTR + Vermicomposto (5 t/ha)] teve um efeito significativo nos nutrientes disponíveis no solo, enquanto o T_{10} [75% FTR + Biofertilizantes (*Azotobacter* + PSB + KSB, cada 2 litros/ha) teve uma relação custo-benefício mais elevada (2,32).

RECONHECIMENTO

É para mim um grande prazer realizar esta experiência de investigação. Estou grato ao Todo-Poderoso, pela chuva de bênçãos que me deu para concluir a investigação com êxito.

*Considero-me extremamente afortunado por ter tido a oportunidade de trabalhar sob a orientação do **Dr. K. D. Patel**, Diretor do Politécnico de Horticultura, JAU, Junagadh e presidente do meu comité consultivo, por ter sugerido o tema da investigação, pela sua orientação inspiradora, pelas suas sugestões valiosas e pela sua supervisão ao longo de toda a investigação.*

*Estou também muito grato aos membros do meu comité consultivo, **Dr. H. L. Sakarvadia**, Professor Assistente, Departamento de Química Agrícola e Ciência do Solo, **Dr. V. L. Purohit**, Professor Assistente, Politécnico em Horticultura, JAU, Junagadh e **Dr. M. S. Shitap**, Professor Assistente, Departamento de Estatística Agrícola, Faculdade de Agricultura, JAU, Junagadh, pela sua valiosa orientação e sugestões ao longo do curso da investigação.*

*Também estendo o meu profundo sentimento de gratidão ao **Dr. V. P. Chovatia**, Hon. Vice-Chanceler & Diretor de Investigação e PG Dean, Junagadh Agricultural University, Junagadh e ao **Dr. K. A. Khunt**, Respeitado Diretor, College of Agriculture, JAU, Junagadh por ter concedido as facilidades necessárias e a sua amável cooperação durante a realização desta investigação.*

*Tenho o prazer de expressar o meu profundo sentimento de gratidão ao **Dr. D. K. Varu**, Professor e Diretor do Departamento de Horticultura, ao **Dr. K. M. Karetha,** Professor Associado, ao **Dr. H. V. Vasava,** Professor Assistente do Departamento de Horticultura e a todos os outros membros do pessoal do Departamento de Horticultura pela sua amável cooperação e por fornecerem todas as facilidades para a realização deste trabalho de investigação.*

Estou também muito grato aos membros do pessoal do Politécnico de Horticultura, JAU, Junagadh, pela sua correspondência muito esclarecedora durante o curso da investigação.

Agradeço sinceramente aos membros do pessoal da biblioteca central, da secção "C" do gabinete do diretor e da secção de exames do gabinete do secretário pela sua cooperação durante o meu estudo.

*Gostaria de expressar os meus sinceros agradecimentos aos meus colegas e amigos **Ruchit, Pradip, Bipin, Mahesh, Rakesh, Kishan, Axay, Ranjitbhai, Kaushikbhai, Tirthraj, Jigneshbhai, Navdeepbhai** e **Karan** pelo seu apoio e ajuda.*

*Expresso os meus sinceros sentimentos ao meu querido pai **Somabhai** e à minha mãe **Kailashben** e aos meus queridos irmãos **Hitesh e Rakesh** pelo seu amor infinito, apoio e encorajamento que me tornaram capaz de enfrentar os desafios da vida.*

Gostaria de expressar os meus sinceros agradecimentos a todos aqueles que me ajudaram direta ou indiretamente a concluir esta tese com êxito.

Local   : Junagadh

Data   : 27/07/2021   **(N. S. Joshiyara)**

CONTEÚDO

LISTA DE ABREVIATURAS E SÍMBOLOS

Abreviatura/Símbolo	Significado
' 'Vírgula	simples invertida
" "Vírgula	dupla invertida
'	Apóstrofe
Ponto	final
......	Elipse
,	Vírgula
:	Cólon
;	Ponto e vírgula
-	Traço
-	Hífen
/	Corte
&	E
%	Percentagem
( )	Suporte
[ ]	Suporte
+	Mais
	=é igual a
x	Multiplicar
	^{o}Grau Celsius
^{o}	EDegree East
^{o}N	Degree Norte
μ	mu
Anónimo.	Anónimo
C.D.Diferença	crítica
C.V.	Coeficiente de variância
cv.	Cultivar
cm	Centímetro
cm^{2} Centímetro quadrado	
RBDesenho de blocos aleatórios	

DASDias após a sementeira

et al.   e outros

etc.,   *etc.,* etc.

Figura.   Figura

FYMEstrume de quintal

g ou gm kg Grama Quilograma Tom

GO -   6Gujarat Quiabo - 6 ha Hectare

RDFDose recomendada de fertilizante

hrs.   Horas

ou seja,   Isto é

JAUUniversidade Agrícola de Junagadh

m^2 Metro quadrado

Máximo.   Máximo

mg   Miligrama

Mínimo.   Mínimo

ml   Mililitro

mm   Milímetro

mol   mol

MTTonelada   métrica

Não.   Número

NS   Não significativo

RHUmidade   relativa

S. Em.$\pm$ Erro padrão da média

Padrão Padrão

N.º Sr. Número de série

N Azoto

Fósforo

K Potássio

PSB Bactérias solubilizadoras de fosfato

KSB   Bactérias Solubilizadoras de Potássio

TSS   Sólido solúvel total

NHB   Conselho Nacional de Horticultura

var.   Variedades

a saber,   Nomeadamente

CAPÍTULO I
INTRODUÇÃO

O quiabo (*Abelmoschus esculentus* L. Moench) pertence à família das Malvaceae, sendo uma cultura hortícola economicamente importante cultivada em regiões subtropicais e tropicais do mundo. Trata-se geralmente de uma planta anual. É também conhecida como dedo de moça ou bhindi, originária da África tropical. Devido à sua riqueza em termos de nutrição, sabor, valor medicinal e industrial. O quiabo é um dos legumes mais populares em todos os sectores da população. O quiabo é cultivado pelos seus frutos fibrosos ou vagens que contêm sementes redondas e circulares. Os frutos são colhidos quando imaturos e consumidos como um vegetal. Normalmente, são necessários 90-100 dias para a produção de quiabos. A produção de quiabo é efectuada em *Kharif* e *rabi*. A atmosfera quente e húmida é favorável ao desenvolvimento da cultura do quiabo. O quiabo é uma boa fonte de vitaminas, minerais, calorias e aminoácidos que se encontram nas sementes. (Schipper, 2000).

Todas as partes do quiabo, como folhas frescas, botões, flores, vagens, caules e sementes, podem ser utilizadas para diferentes fins e, por conseguinte, é uma cultura polivalente em termos das suas utilizações (Gemede *et al.* 2015). É uma das culturas essencialmente consumíveis da Índia; as vagens imaturas e tenras podem ser consumidas como legumes cozidos e fritos ou podem ser utilizadas para adicionar a saladas, sopas e guisados.

Na Índia, os principais estados produtores de quiabo são Bengala Ocidental, Gujarat, Bihar, Odisha, Jharkhand, Uttar Pradesh, Chhattisgarh, Madhya Pradesh, Andhra Pradesh, etc. Na Índia, o quiabo é cultivado numa área de 5,13 lakh ha e uma produção de 6,17 milhões de toneladas com uma produtividade de 12,24 toneladas/ha (NHB, 2018-19). O estado de Gujarat ocupa a segunda posição na produção de quiabo em toda a Índia. Em Gujarat, os principais distritos de cultivo são Surat, Tapi, Navsari, Vadodara, Bharuch, Ahmedabad, Mehsana, Gandhinagar, etc. Em Gujarat, ocupa uma área de 77,58 mil ha e uma produção de 9,40 milhões de MT com uma produtividade de 12,24 MT/ha (Anon., 2019).

Composição por 100 g de porção comestível de quiabo contém, Calorias 35,0 mg, Cálcio 66,0 mg, Humidade 89,6 g, Ferro 0,35 mg, Hidratos de carbono 6,4 g, Potássio 103,0 mg, Proteína 1,9 g, Magnésio 53,0 mg, Gordura 0,2 g, Cobre 0,19 mg, Fibra 1,2 g, Riboflavina 0,01 mg, Minerais 0,7 g, Tiamina 0,07 mg, Fósforo 56,0 mg, Ácido nicotínico 0,06 mg, Sódio 6,9 mg, Vitamina C 13,10 mg, Enxofre 30,0 mg e Ácido oxálico 8,0 mg

(Gopalan *et al.* 2007).

O uso indiscriminado de fertilizantes inorgânicos tem resultado na diminuição da absorção de nutrientes, na má qualidade dos produtos hortícolas e na deterioração da saúde do solo. O quiabeiro produz frutos durante muito tempo e necessita de um fornecimento equilibrado e suficiente de nutrientes para obter um maior rendimento e uma melhor qualidade (Agrawal, 2003).

Os fertilizantes desempenham um papel crucial na satisfação das necessidades nutricionais das culturas. O esgotamento persistente de nutrientes está a representar uma ameaça maior para a agricultura sustentável. Por conseguinte, há uma necessidade urgente de reduzir a utilização de fertilizantes químicos e, por sua vez, aumentar a utilização de produtos orgânicos, que são necessários para melhorar os níveis de rendimento e de qualidade. As consequências acima referidas abriram caminho para o cultivo do quiabeiro utilizando diferentes fontes orgânicas e biofertilizantes, a utilização de estrume orgânico em combinação com fertilizantes químicos e ajuda a melhorar as propriedades físico-químicas da estrutura do solo, a capacidade de retenção de água e o arejamento do solo, as propriedades químicas e o fornecimento de nutrientes essenciais numa proporção equilibrada, o fornecimento de nutrientes, a libertação lenta de nutrientes, a estimulação da flora e da fauna do solo (Agarwal, 2003).

Os constituintes promotores de crescimento, como as enzimas e as hormonas presentes nos adubos orgânicos, tornam-nos úteis para melhorar a fertilidade e a produtividade do solo. Alguns promotores de crescimento de plantas no vermicomposto (*ou seja*, auxinas, giberelinas, citocininas) representam excelentes condicionadores do solo devido à sua maior porosidade, aeração, drenagem, capacidade de retenção de água e atividade microbiana (Singh *et al.* 2008).

Os elementos mais importantes presentes nos fertilizantes inorgânicos são o azoto, o fósforo e o potássio, que influenciam as fases vegetativa e reprodutiva do crescimento das plantas. Em comparação com os fertilizantes inorgânicos, o fertilizante orgânico, que reduziu o teor de nutrientes, a solubilidade e as taxas de libertação de nutrientes, é normalmente mais baixo do que os fertilizantes inorgânicos, pelo que estes últimos são mais preferidos do que os fertilizantes orgânicos. Para além disso, esta aplicação de estrume orgânico não só produziu o rendimento mais elevado e sustentável das culturas, como também melhorou a fertilidade do solo e a produtividade da terra. Uma combinação de fontes orgânicas e inorgânicas de nutrientes pode ser útil para obter um bom retorno económico com um bom rendimento

(Sanwal *et al*. 2007).

Os fertilizantes orgânicos e inorgânicos são essenciais para o crescimento das plantas. Ambos os fertilizantes fornecem às plantas os nutrientes necessários para um desempenho ótimo. Os fertilizantes orgânicos são utilizados há muitos séculos, enquanto os fertilizantes inorgânicos sintetizados quimicamente só foram amplamente desenvolvidos durante a revolução industrial. Os fertilizantes inorgânicos têm apoiado significativamente o crescimento da população mundial, estimando-se que quase metade das pessoas na Terra são atualmente alimentadas como resultado da utilização de fertilizantes azotados artificiais (Erisman *et al*. 2008).

Os biofertilizantes são conhecidos por desempenharem uma série de papéis vitais na fertilidade do solo, na produtividade das culturas e na produção agrícola, uma vez que são amigos do ambiente e não podem, de forma alguma, substituir os fertilizantes químicos, que são indispensáveis para obter o máximo rendimento das culturas. Algumas das funções ou papéis importantes dos biofertilizantes na agricultura são: complementam os fertilizantes químicos para satisfazer as necessidades integradas de nutrientes das culturas.

Tendo em mente os factos acima referidos e considerando a importância dos dados acima mencionados, foi concebida a seguinte investigação sob o título **"Efeito de fertilizantes orgânicos, inorgânicos e biofertilizantes no crescimento, rendimento e qualidade do quiabo (*Abelmoschus esculentus* L. Moench)"**.

Objectivos

1.   Descobrir o efeito de fertilizantes orgânicos, inorgânicos e biofertilizantes no crescimento, rendimento e qualidade do quiabo.

2.   Descobrir o efeito dos fertilizantes orgânicos, inorgânicos e biofertilizantes nos nutrientes disponíveis no solo (N, P, K) após a colheita da cultura.

CAPÍTULO-II
REVISÃO DA LITERATURA

O estudo experimental sobre **"Efeito de fertilizantes orgânicos, inorgânicos e biofertilizantes no crescimento, rendimento e qualidade do quiabo (*Abelmoschus esculentus* L. Moench)"** foi uma investigação que valeu a pena explorar. Neste capítulo, tentou-se examinar criticamente os resultados da investigação disponível e fez-se uma breve revisão da literatura relevante relacionada com a presente investigação, de forma resumida e classificada, de modo a utilizá-la como literatura de base.

Foram efectuados estudos exaustivos sobre a utilização integrada de fertilizantes orgânicos, inorgânicos e biofertilizantes em várias outras culturas de Malvaceae e outras famílias relacionadas. Verificou-se que os biofertilizantes e o estrume orgânico, juntamente com o FTR, podem ser considerados os melhores para as culturas da família Malvaceae. Tendo isso em consideração, foram efectuadas várias experiências.

Este projeto experimental trata da combinação de 10 combinações de tratamentos. A ideologia ou inspiração desta experimentação surgiu efetivamente com a análise e o estudo exaustivos da revisão da literatura. A revisão subjacente contém os artigos das revistas profissionais com a análise confinada e precisa da sua experimentação. As principais conclusões foram enumeradas neste capítulo.

2.1 Efeito individual dos fertilizantes orgânicos, inorgânicos e biofertilizantes

2.1.1 Efeito do adubo orgânico

2.1.2 Efeito dos fertilizantes inorgânicos

2.1.3 Efeito do biofertilizante

2.2 Efeito combinado de fertilizantes orgânicos, inorgânicos e biofertilizantes

2.3 Efeito dos fertilizantes orgânicos, inorgânicos e biofertilizantes nos nutrientes disponíveis no solo (N, P, K) após a colheita da cultura

2.1 Efeito individual dos fertilizantes orgânicos, inorgânicos e biofertilizantes

2.1.1 Efeito do adubo orgânico

Naidu *et al.* (1999) relataram que os resultados de NPK (80: 60: 50) + 20 toneladas de estrume de curral (FYM)/ha mostraram que a altura da planta, o número de folhas por planta, o número de nós por planta, o comprimento inter-nodal, o número de frutos por planta, o peso do fruto por planta e a produção de frutos de quiabo foram máximos.

Bandopadhyay *et al.* (2001) verificaram que o rendimento mais elevado das vagens, a relação custo-benefício e o carácter de crescimento do quiabo foram observados com 10 toneladas de FYM/ha e 50: 25: 25 kg de NPK por hectare.

Kabura *et al.* (2001) relataram que o número de frutos frescos por planta e o comprimento dos frutos aumentaram com o aumento da taxa de FYM até 20 t/ha no quiabeiro.

Paramasivan *et al.* (2003) trabalharam com plantas de quiabo e avaliaram o efeito de adubos orgânicos e fertilizantes inorgânicos no rendimento e na economia do quiabo. O tratamento FYM @ 25 t por ha + CCP (medula de coco compostada) @ 12,5 t por ha + vermicomposto (1,5 t/ha) + 40:50:30 kg por ha NPK registou o número máximo de ramos (3,5), o início dos dias para 50% de floração (45,4) e o número máximo de frutos por planta (9,9).

Prabhu *et al.* (2003) referiram que apenas a aplicação de FYM resultou num aumento significativo do número de ramos no quiabeiro.

Premsekhar *et al.* (2003) mostraram que a FYM 20 t por ha registou o maior rendimento de 10,39 t por ha com o rácio BC de 13:6. O teor de fibra bruta dos frutos do quiabeiro.

Barani e Anburani (2004) referiram que a FYM a 25 t + 100% da taxa recomendada de NPK/ha registou a maior altura de planta no quiabeiro.

Singh (2004) efectuou o tratamento com FYM + estrume orgânico denso em combinações de todos os pesticidas, o que deu o maior rendimento com bom teor de proteínas, vida útil prolongada, maior lucro líquido/unidade de área e por rupia de investimento em relação aos outros.

Yadav *et al.* (2006) referiram que a aplicação de 90 kg ha^{-1} de azoto através de ureia, estrume de aves, FYM e vermicomposto aumentou significativamente o número de frutos, o comprimento dos frutos, o perímetro dos frutos e o rendimento total do quiabo em comparação com o controlo.

Vala (2007) revelou que a aplicação de fertilizante orgânico FYM 25 t/ha registou a maior altura de planta (80 cm), número de ramos (6,79), nós por planta (18,33), comprimento do fruto (13,67), dias para a primeira colheita (50,63) e dias para a última colheita (115,04 dias) no quiabo.

Premshekhar e Rajashree (2009) referiram que, entre os diferentes tratamentos com adubo orgânico, o quiabo apresentou valores significativamente mais elevados de caracteres de crescimento, atributos de rendimento e teor de fibra bruta do fruto do quiabo foi registado em menor quantidade com a aplicação de FYM @ 20 t ha^{-1} .

Abdullah *et al.* (2010) revelaram que a combinação de fertilizantes orgânicos, vermicomposto e vermiwash, em comparação com o controlo e os fertilizantes químicos, teve grande influência nos parâmetros de crescimento das plantas. O rendimento médio do quiabo durante o ensaio mostrou uma resposta significativamente maior em comparação com o controlo em 64,27%. Verificou-se que os frutos tinham uma maior percentagem de gorduras e proteínas quando comparados com os frutos cultivados com fertilizantes químicos em 23,86 e 19,86%, respetivamente.

Ansari e Sukhraj (2010) referiram que a combinação de vermicomposto e vermiwash teve grande influência nos parâmetros de crescimento das plantas de quiabo, em comparação com o controlo e os fertilizantes químicos.

Sharma *et al.* (2010) relataram que a aplicação de vermicomposto @ 5 t ha^{-1} aumentou significativamente os atributos de rendimento e a produção de frutos (69,2 q ha^{-1}), bem como a relação B:C (2,11) com retornos líquidos de 35614 rúpias ha^{-1} da cultura do quiabo.

Yadav e Yadav (2010) observaram que a aplicação integrada de 75% de FTR com vermicomposto @ 6,5 t ha^{-1} deu uma produção de frutos comercializáveis significativamente maior (86,40 q ha^{-1}) de quiabo.

Sharma e Choudhary (2011) observaram que a aplicação de 100 por cento de FTR e FYM @ 20 t ha^{-1} aumentou significativamente os atributos de crescimento *viz.* altura da planta na colheita, número de ramos por planta, área foliar, clorofila e azoto, fósforo e teor de proteínas no quiabo.

Ibrahim e Hamma (2012) revelaram que foi observado um maior crescimento e rendimento do quiabeiro em parcelas tratadas com 12 t ha^{-1} de estrume de curral e 3 regimes de monda.

Makinde *et al.* (2012) relataram que a aplicação de 15 t ha^{-1} de esterco de vaca na cultura do quiabo produziu maior rendimento de frutos (1927 kg ha^{-1}) em comparação com o estrume de aves.

Suchitra e Manivannan (2012) relataram que entre os vários adubos orgânicos testados, a aplicação de vermicomposto @ 5 t ha^{-1} e ácido húmico @ 0,2% em intervalos regulares no quiabeiro registou o maior comprimento de fruto (17,85 cm), perímetro máximo de fruto (5,86 cm), planta de rendimento de fruto^{-1} (378,56 g) e parcela de rendimento de fruto^{-1} (13,26 kg).

Hisham *et al.* (2014) registaram que a altura da planta (127,6 cm), o número de folhas (49,35), o número de ramos (2,80), o número médio de frutos por planta (23,15), o peso fresco médio dos frutos (12,43 g), a produção de frutos por planta (287,61 g), a produção média de frutos por hectare (16,25 t/ha) e o ácido ascórbico (15,58 mg/100g), utilizando 25 t/ha de FYM no quiabeiro.

Sharma *et al.* (2014) relataram que a aplicação combinada de vermicomposto @ 5 t ha^{-1} + vermiwash 5 pulverizações com 10 dias de intervalo após 30 DAS produziu altura máxima da planta (128,09 cm), nós da planta^{-1} (40,80), comprimento internodal (8,03 cm), dias levados para 50% de floração (46 dias) e nós para a primeira floração (8,20) de quiabo.

Wagh *et al.* (2014) verificaram que o tratamento em que foi aplicado 100 % de RDN através de vermicomposto deu um maior número de plantas com frutos^{-1} , peso dos frutos^{-1} , produção de frutos por planta^{-1} e produção de frutos por hectare^{-1} de quiabos em comparação com o controlo.

Sidhya *et al.* (2015) relataram que a aplicação de FYM @ 0,18 q parcela^{-1} deu maior número de ramos de plantas^{-1} (8,23) aos 45 DAS, comprimento de frutos (16,07), número de frutos de plantas^{-1} (19,92), peso de frutos (8,6 g), rendimento de frutos (9,11 kg m^{-2}) e rendimento de sementes (2,37 kg m^{-2}) em comparação com o controlo no quiabo.

Kumar *et al.* (2017) observaram que o maior número de ramos por planta (1,80), número de folhas por planta (14,66), índice de área foliar (1,36), comprimento do fruto (14,62 cm), perímetro do fruto (4.64 cm), peso do fruto (12.56 g), produção de frutos por planta (190.96 g planta $^{-1}$) e conteúdo de clorofila (0.210 mg g^{-1}) foram registados sob o tratamento 50:50:50 kg NPK ha^{-1} + FYM @ 10 t ha^{-1} .

Miglani *et al.* (2017) realizaram uma experiência em que o FYM digerido 20 t/ha registou a altura máxima da planta, o número de frutos por planta, o número de ramos, o comprimento do fruto e o rendimento, ou seja, 131,64 cm, 38,16 cm, 2,54 cm, 16,19 cm e 5,12 t/ha, respetivamente. A quantidade de acumulação de matéria seca sob o tratamento de FYM digerido também foi registada ao máximo no quiabeiro.

2.1.2 Efeito dos fertilizantes inorgânicos

Pandey *et al.* (1980) observaram um número significativamente mais elevado de frutos por planta (15), comprimento do fruto (12,5 cm) e perímetro do fruto (5,2 cm) com a aplicação de 120:50 kg de azoto e fósforo por hectare em relação ao controlo no quiabeiro.

Patton *et al.* (2002) referiram que a aplicação de azoto a 100 e 150 kg/ha aumentou significativamente a produção de frutos por quiabo.

Rajput *et al.* (2002) observaram que a taxa de fertilizante recomendada para o quiabo era N: P O$_{25}$: K$_2$ O a 120: 20: 60 kg/ha a fertirrigação a 60, 80 e 100% RDF deu maiores rendimentos do que a aplicação a 100% RDF.

Khetran *et al.* (2016) observaram que, com o aumento das aplicações de fertilizantes, o número de flores aumentou em conformidade, enquanto os resultados expressaram que quanto mais fertilizante, melhor o comprimento das vagens verdes. O K é necessário para uma boa qualidade do rendimento.

Kumar *et al.* (2017) observaram que a aplicação de FTR registou o maior número de ramos por planta (1,80), folhas por planta (14,66), índice de área foliar (1,36), teor de clorofila da folha (0,210 mg/g), comprimento do fruto (14,62 cm), perímetro do fruto (4,64 cm), peso do fruto (12,56 g), rendimento do fruto por planta (190,96 g) com a relação B:C de 3,89 no quiabo.

2.1.3 Efeito do biofertilizante

Basavana (1980) afirmou que a concentração de fósforo, a absorção total de fósforo e a matéria seca da planta de milho aumentaram com a aplicação de fosfato de rocha com bactérias e fungos solubilizadores de P.

Khalafallah *et al.* (1982) referiram que foi registado um aumento da absorção de P e do crescimento das plantas em várias culturas inoculadas com microrganismos solubilizadores de fosfato.

Kundu *et al.* (1984) verificaram que a inoculação de plântulas de arroz com culturas mistas de *Azotobacter chroococcum, Pseudomonas striata* e *Aspergillus awamori* aumentava o rendimento do grão e da palha e a absorção de N e p em condições de estufa.

Patil *et al.* (2000) relataram no quiabo que a aplicação de biofertilizante em 1 litro de chorume + FYM 50 kg N/ha foi considerada benéfica para aumentar o comprimento da vagem (5-7 cm) e maior rendimento (128,59 q/ha).

Sajindranath *et al.* (2002) mostraram que o maior comprimento de plântula foi observado na combinação Azotobacter + PSB e Azotobacter + PSB provou ser melhor no aumento do índice de vigor em comparação com o controlo não tratado na germinação de quiabo.

Patel (2005) observou que 75 kg de N/ha + Azospirillium + Azotobacter proporcionaram um rendimento potencial e uma melhor qualidade do quiabo cv. Gujarat Okra-2.

Ray *et al.* (2005) relataram que a aplicação de *Azospirillum* ou *Azotobacter* suplementada com 15 t de FYM ha^{-1} e 25-12,5-12,5 kg de N, P O_{25} e K_2 O ha^{-1} ao quiabeiro foi considerada mais benéfica para sustentar um maior crescimento.

Garhwal *et al.* (2007) observaram que a aplicação da inoculação com *Azospirillum* aumentou significativamente o número de ramos nos híbridos de quiabo Barkha Bahar e Ganga.

Singaravel *et al.* (2008) estudaram que a aplicação de biofertilizante líquido Symbion N e Symbion P aumentou significativamente os caracteres de crescimento, os caracteres de rendimento e o rendimento do quiabeiro. Entre os vários tratamentos, o Symbion N e o

Symbion P, ambos aplicados no solo, foram considerados significativamente superiores no aumento do crescimento e do rendimento do quiabeiro. Este tratamento registou o maior rendimento de quiabo de 6280 kg ha^{-1} .

Bhatt *et al.* (2010) referiram que os biofertilizantes são constituídos principalmente por células vivas seleccionadas de micróbios que fornecem nutrientes às plantas através do seu sistema radicular. Os micróbios presentes nestes fertilizantes utilizam diferentes mecanismos para fornecer nutrientes às plantas. São capazes de fixar azoto, solubilizar fosfato, mobilizar fosfato e promover rizobactérias.

Baliah *et al.* (2015) relataram que o comprimento do rebento foi maior em plantas tratadas com *Azospirillum* e lignite como transportador, seguido de formulação de medula de coco. A inoculação de *Azospirillum* também aumentou o peso fresco e seco da planta de quiabo.

2.2 Efeito combinado de fertilizantes orgânicos, inorgânicos e biofertilizantes

Naidu *et al.* (2000) observaram que a altura da planta, o número de folhas por planta, o número de nós por planta e o comprimento internodal eram máximos com a aplicação de NPK (80:60:50 kg ha^{-1}) + 20 t FYM/ha no quiabeiro.

Selvi e Perumal (2000) estudaram que o tratamento de NPK 40:50:30 kg/ha + SMF (strances micro food 25 kg/ha) + CCP (composted coir pith 25t/ha) + *Azospirillum* 2 kg/ha, deu o maior rendimento de vagens e retorno líquido em bhendi cv. Parbhani Kranti.

Bahadur e Manohar (2001) observaram que a aplicação de *Azospirillum* + 75% N + dose completa de P e K resultou no maior número de vagens por planta (17,76), peso médio do fruto (24,46 g), rendimento de vagens verdes por planta (609,33 g) e rendimento da cultura (119,02 q/ha) no quiabeiro cv. VRO-5.

Nuruzzaman *et al.* (2003) observaram que a altura da planta, o número de folhas por planta, o diâmetro da base do caule, o comprimento da raiz, o peso seco da raiz e o índice de área foliar eram mais elevados com a aplicação de *Azotobacter* + estrume de vaca 5 t ha^{-1} , *Azospirillum* + 5 t ha^{-1} estrume de vaca, *Azotobacter* + *Azospirillum* + 5 t ha^{-1} estrume de vaca na cultura do quiabo.

Kadlag *et al.* (2005) revelaram que a integração de produtos orgânicos, inorgânicos e biofertilizantes aumentou o rendimento e a absorção de nutrientes do quiabo.

Ray *et al.* (2005) relataram que a aplicação de *Azospirillum* ou *Azotobacter* suplementada com 15 FYM t/ha e 25: 12,5: 12,5 kg NPK/ha no quiabo foi mais benéfica para sustentar um maior crescimento e rendimento da cultura e promover o estado de fertilidade inerente do solo em terras médias.

Ravi *et al.* (2006) notou que 75% RDF (125:75:62.5 NPK kg/ha) + vermicomposto (4 t/ha) + bolo de neem (1 t/ha) + biofertilizantes - *Azotobacter* @ 2.5 kg/ha, phosphobactor @ 2.5 kg/ha, *Trichoderma* @ 2,5 kg/ha e VAM 2,5 kg/ha (10 kg/ha) aumentaram significativamente a altura da planta, nº de folhas por planta, nº de ramos e área foliar em bhendi cv. Arka Anamika.

Meena *et al.* (2008) observaram que 120 kg N/ha juntamente com *Azotobacter* deu um rendimento significativamente mais elevado da cultura do quiabo cv. Arka Anamika.

Panda *et al.* (2008) observaram que a altura da planta foi maior com 100% de FTR (60:30:30 kg/ha) + FYM 10 t/ha + *Azospirillum* no quiabeiro cv. BO-2.

Bairwa *et al.* (2009) relataram que o maior número de frutos (18,36), rendimento de frutos (182,50 g de planta^{-1} e 135,18 q ha^{-1}), peso de frutos (17,65 g), comprimento de frutos (12,26 cm) e espessura de frutos (1,898 cm) de quiabo foram obtidos com a aplicação de torta de nim 6 q ha^{-1} + vermicomposto 10 q ha^{-1} + Azotobacter + PSB + 60% da dose recomendada de NPK através de fertilizantes inorgânicos.

Mishra *et al.* (2009) relataram que o comprimento máximo dos frutos, o diâmetro dos frutos, o peso fresco dos frutos, o peso seco dos frutos e o rendimento foram registados com a aplicação de vermicomposto @ 2,5 t/ha + NPK (120:60:60 kg/ha) + PSB + *Azotobacter* em relação aos restantes tratamentos. O lucro líquido máximo de Rs 40.332,53 e o rácio custo: benefício 1:1,06 foram registados no tratamento de origem.

Minal Shinde *et al.* (2010) notaram que a aplicação de FTR + ZnSO$_4$ (25 kg/ha) + Bórax (5 kg/ha) + FYM (10 t/ha) + *Azospirillum* (2 kg/ha) deu o maior rendimento de frutos por hectare na variedade de quiabo Parbhani Kranti.

Singh *et al.* (2010) observaram que a altura da planta e o número de nós/planta foram máximos com a aplicação de 75% de N e dose completa de P, K e *Azospirillum* seguido por RDF (100:50:50 kg/ha NPK) + *Azospirillum* em quiabo cv. VRO-6 (Kashi Pragati).

Dhawale *et al.* (2011) revelaram que o número máximo de frutos por planta, a produção de frutos por planta e a produção de frutos por hectare foram obtidos com a aplicação de 100% de FTR (100:50:50 kg/ha) + BF (*Azotobacter* + PSB @ 7,5 kg/ha de aplicação no solo) + 2% de spray panchgavya.

Prasad e Naik (2013) relataram que a altura da planta aos 30 e 60 DAS, o número de ramos, o número de folhas, o número de frutos, o comprimento do fruto, o diâmetro do fruto, a produção de frutos por parcela e a produção de frutos por ha foram observados significativamente máximos na cultura que recebeu 50% da dose recomendada de fertilizante

(RDF) + *Azotobacter* + *Azospirillum* + PSB + FYM com bom rendimento (196,97 q ha^{-1}) e qualidade de frutos de exportação de quiabo cv. Arka Anamika.

Sahu *et al.* (2014) mostraram que a aplicação de PSB juntamente com *Azotobacter* e dose completa de azoto, potássio e meia dose de fósforo resultou num crescimento significativamente vigoroso e também aumentou o rendimento do quiabo.

Choudhary *et al.* (2015) relataram que, entre os diferentes tratamentos, a aplicação de *Azospirillum* @ 5 kg ha^{-1} + RD de NPK produziu significativamente a altura máxima da planta (96,03 cm), peso (11,53 g), circunferência do fruto (4,88 cm), rendimento da planta^{-1} (139,39 g) e rendimento ha^{-1} (10324,94 kg) de quiabo.

Tyagi *et al.* (2016) relataram que o número máximo de frutos da planta^{-1} (17,00 cm), peso do fruto (16,20 g), produção de frutos da planta^{-1} (244,00 g), produção ha^{-1} (134.40 q) de quiabo foram registados com 75% da dose recomendada de NPK @ 100:50:50 kg ha^{-1} + FYM @ 20 t ha^{-1} + Biofertilizantes [*Azotobacter, Azospirillum* e PSB (1:1:1)] @ 6 kg ha^{-1} .

Jat *et al.* (2017) observaram um rendimento significativamente mais elevado de quiabo (37,65 q ha^{-1} com a aplicação de 75% RDF + 6 t vermicomposto ha^{-1} + biofertilizante.

Kumar *et al.* (2017) registaram que os ramos mais elevados por planta (1,80), folhas por planta (14,66), índice de área foliar (1,36), teor de clorofila da folha (0,210 mg/g), comprimento do fruto (14,62 cm), perímetro do fruto (4,64 cm), peso do fruto (12.56 g), produção de frutos por planta (190,96 g) com a relação B:C de 3,89 em quiabeiro com aplicação de RDF NPK + Vermicomposto @ 1 t/ha que bom crescimento, produção com melhor qualidade de quiabeiro pode ser alcançado pela aplicação criteriosa de fertilizantes orgânicos, inorgânicos e biofertilizantes.

Rathava *et al.* (2018) deram que a aplicação combinada de Azotobacter + PSB @ 20 ml/kg de semente deve aumentar significativamente o rendimento por planta (133,68g) e os dias necessários para a última colheita (101,60). A aplicação de 100 por cento de FTR e a aplicação combinada de Azotobacter @ 20 ml/kg de semente devem aumentar significativamente o retorno bruto, o retorno líquido e a relação custo-benefício no quiabo cv. GAO-5 durante a estação *Kharif.* Na verdade, esta foi a relação benefício/custo.

Singh e Ram (2018) concluíram que a aplicação de 50% de FTR + Vermicomposto em Kashi Pragati aumentou o crescimento, o rendimento e a qualidade nutricional do quiabo.

2.3 Efeito dos fertilizantes orgânicos, inorgânicos e biofertilizantes nos nutrientes disponíveis no solo (N, P, K) após a colheita da cultura

Sharma e Mitra (1989) registaram que a FYM tinha 26,1 por cento de C, 1,71 por cento de N,

0,24 por cento de P e 2,04 por cento de K com base no peso seco. O rácio C:N era 15:1 e os nutrientes adicionados a partir de 2,5 t por ha de FYM eram 42,7, 5,9 e 51,1 kg N, P e K por ha, respetivamente.

Dinesh *et al.* (1998) referiram que o aumento da atividade enzimática em solos com adubo orgânico (estrume de aves, FYM e adubos verdes) pode dever-se a quantidades mais elevadas de endoenzimas na população microbiana viável e a níveis mais elevados de enzimas acumuladas na matriz do solo.

Subramanian *et al.* (2000) opinaram que a inclusão de adubos orgânicos, *como a* FYM e o cânhamo no programa de fertilização, não só aumentou o rendimento, mas também melhorou o armazenamento de humidade no solo em 31, 31,2 e 31,4 por cento a 0 - 15, 15 - 30 e 30 - 60 cm de profundidade do solo, respetivamente.

Manjaiah e Singh (2001) observaram que a atividade da desidrogenase aumentava com o aumento da quantidade de estrume do pátio da quinta (FYM).

Ray *et al.* (2005) relataram que a aplicação de *Azospirilum* ou *Azotobacter* suplementada com 15 t FYM ha^{-1} e 25-12,5-12,5 kg N, P O$_{25}$, K$_2$ O, ha^{-1} ao quiabo foi considerada mais benéfica para promover o estado de fertilidade inerente do solo.

Saha *et al.* (2008) referiram que se verificou um aumento significativo da atividade da desidrogenase nas parcelas em que se aplicou a FYM juntamente com NPK.

Ansari e Sukhraj (2010) referiram que a utilização combinada de vermiwash e vermicomposto teve uma influência significativa nas características bioquímicas do solo, com um aumento acentuado dos micronutrientes do solo e uma melhoria qualitativa das propriedades físicas e químicas do solo.

Chetri *et al.* (2012) estudaram que a absorção de nitrogénio (168,23), fósforo (22,03) e potássio (178,38 kg ha^{-1}) aumentou significativamente com a aplicação de vermicomposto (5 t ha^{-1}) sozinho ou em combinação com fertilizantes inorgânicos, em comparação com o controlo. O teor de nitrogénio, fósforo e potássio disponíveis (318,01, 21,04 e 177,10 kg ha^{-1}) no solo também aumentaram com o vermicomposto (5 t ha^{-1}).

Chumyani *et al.* (2012) descobriram que o NPK disponível e o carbono orgânico no solo após a colheita foram significativamente influenciados pela aplicação de vermicomposto @ 10 t ha^{-1} sozinho ou em combinação com o controlo.

Basak *et al.* (2013) verificaram que a maior atividade das enzimas desidrogenase foi observada no tratamento que recebeu uma combinação óptima de fontes de nutrientes (50% NPK + 5 t ha^{-1} vermicomposto).

Rai *et al.* (2014) estudaram que o uso integrado de FYM juntamente com fertilizantes químicos e biofertilizante (PSB e Azotobacter) poderia substituir as necessidades de azoto da planta e melhorou significativamente as propriedades físico-químicas, a disponibilidade de N, P, K e S no solo e a sua concentração nos tecidos da cebola em relação ao uso exclusivo de fertilizante químico.

Gautami *et al.* (2015) relataram que a atividade da desidrogenase do solo aumentou com a adição de carbono orgânico através da FYM. Ele também relatou que a população máxima de fungos (20×10^3 cfu/g de solo), população diazotrófica (140×10^5 cfu/g de solo), população PSB (80×10^4 cfu/g de solo) e atividade de fosfatase alcalina do solo (3,241 µg PNP formado/g de solo/h) foi observada no tratamento com 100% de FYM + consórcio.

Phonglosa *et al.* (2015) relataram que a aplicação de 75 % de NP + k total através de fertilizantes químicos juntamente com *Azospirillium*, PSB, VAM e FYM restaurou os maiores nutrientes disponíveis (N, P, K, Zn, Cu, Fe e Mn) no solo na colheita e acumulação de nutrientes no quiabo.

Thingujam *et al.* (2016) revelaram que o tratamento constituído por 75% de FTR (FTR, ou seja, NPK: 125:100:50) + Azospirillum+ PSB + Bórax @ 10 kg ha^{-1} registou o carbono orgânico oxidável mais elevado (8.049 g kg^{-1}), azoto total (1,05 g kg^{-1}), azoto disponível (212,67 g kg^{-1}), fósforo disponível (76,20 g kg^{-1}) e potássio disponível (177,59 g kg^{-1}) no solo aquando da colheita da cultura da beringela.

Jat *et al.* (2017) descobriram que o tratamento composto por 75% de CDR + 6 t ha^{-1} tratamento de vermicomposto + biofertilizantes manteve o carbono orgânico do solo mais elevado (2,1 g kg^{-1}), N disponível (124,85 kg ha^{-1}), fósforo (15,85 kg ha^{-1}) e potássio (176,05 kg ha^{-1}) após a colheita do sistema de cultivo de quiabo-cebola.

Verma *et al.* (2017) verificaram que a maior atividade das enzimas do solo foi observada no tratamento que recebeu uma combinação óptima de fontes de nutrientes (50% NPK + 5 t FYM ha^{-1}).

Akhila *et al.* (2019) relataram que o N disponível, P O$_{25}$ e N por cento, P por cento no fruto do quiabo e ativam a atividade microbiana e enzimática do solo, aumentando assim as propriedades físico-químicas do solo, concentração de nutrientes residuais com tratamento FYM (5 t/ha) + VC (1,25 kg/ha) + NC (125 kg/ha) + PM (1,25 kg/ha) + AMC (12,5 kg/ha).

CAPÍTULO III
MATERIAIS E MÉTODOS

Uma experimentação baseada na avaliação intitulada "**Efeito de fertilizantes orgânicos, inorgânicos e biofertilizantes no crescimento, rendimento e qualidade do quiabo** (*Abelmoschus esculentus* **L. Moench)**" foi conduzida durante o ano de 2020 na Quinta Educacional, Politécnica em Horticultura, JAU, Junagadh.

Este capítulo dá uma imagem contingente dos métodos e materiais utilizados e das técnicas experimentais adoptadas durante todo o curso da investigação. As condições climáticas e edáficas prevalecentes durante o período de cultivo também foram mencionadas em locais adequados, com diagramas e quadros apropriados. Os pormenores da metodologia adoptada neste estudo são apresentados nos pontos seguintes.

3.1 Localização da experiência

A presente investigação foi realizada na Quinta Educacional, Politécnica em Horticultura, JAU, Junagadh. Junagadh durante a época de *kharif* no ano de 2020.

3.2 Condições climatéricas e meteorológicas

Junagadh está situada na região de Saurashtra, no estado de Gujarat. Geograficamente, este local está situado a $21,5^0$ N Latitude e $70,5^0$ E Longitude, com uma altitude de 60 metros acima do nível médio do mar e a 80 km da costa do Mar Arábico, no lado ocidental, no sopé do monte Girnar.

O clima desta região é tipicamente subtropical, caracterizado por um verão bastante quente, um inverno moderadamente frio e uma monção húmida e quente. A precipitação anual varia entre 800 e 900 mm num ano normal e ultrapassa os 1000 mm no ano seguinte. Em geral, a monção começa na segunda semana de junho e termina na segunda quinzena de setembro. No entanto, não são raras as chuvas pré-monção na última semana de maio e na primeira semana de junho. A precipitação durante a estação das monções do ano 2020 foi regular. O inverno começa no mês de novembro e prolonga-se até ao mês de fevereiro. O verão começa na primeira quinzena de março e termina na última semana de maio. abril e maio são os meses mais quentes do verão.

Os dados meteorológicos sobre as temperaturas máxima e mínima, a humidade relativa, a precipitação e a evaporação durante a experiência, registados no Observatório Meteorológico da Universidade Agrícola de Junagadh, Junagadh, são apresentados no Apêndice - I.

3.3 Recolha de solo e tratamento para experimentação

O teor de água, a salinidade, a acidez, os nutrientes disponíveis e a densidade aparente são alguns dos factores cruciais que desempenham um papel importante no crescimento da planta, para além das condições climáticas. Para o efeito, foram controladas as condições edáficas. V e r i f i c o u - s e que o solo era argiloso. Foi recolhida aleatoriamente uma amostra mista de solo do campo de quiabos na quinta pedagógica, Politécnico de Horticultura, JAU, Junagadh, a uma profundidade de 0-15 cm, antes de incorporar as sementes. Estas amostras foram misturadas. Foram colhidas amostras representativas de 5gms cada e as amostras foram analisadas no laboratório para determinar o nível inicial de fertilidade do solo. Os dados proeminentes sobre a análise do solo e os métodos empregues são descritos no Apêndice - II.

3.4 Detalhes experimentais

A experiência considerou 10 tratamentos, tendo sido testadas combinações de adubos orgânicos, inorgânicos e biofertilizantes no quiabeiro. Os adubos orgânicos foram aplicados durante 30 dias antes da sementeira, os biofertilizantes foram aplicados como tratamento do solo no momento da sementeira e os fertilizantes inorgânicos foram aplicados logo no momento da sementeira.

1.	Localização	:	Educação Quinta, Politécnico em Horticultura, JAU, Junagadh.
2.	Ano da experiência	:	*Quharif* -2020
3.	Conceção estatística	:	RBD (Randomized Block Design)
4.	Cultura, variedade	:	Quiabos, GO- 6
5.	N.º de tratamentos	:	10
6.	N.º de réplicas	:	3
7.	Número total de parcelas	:	30
8.	Espaçamento	:	60 cm × 30 cm
9.	Dimensão bruta da parcela Dimensão líquida da parcela	: :	2,40 m × 3,0 m (40 plantas) 1,20 m × 2,40 m (16 plantas)

10.	Total experimental área	:	216 m²
11.	Taxa de sementeira	:	8-10 kg/ha
12.	Dose recomendada de fertilizante e FYM	:	100: 50:50 NPK kg/ha& 25 t/ha
13.	Método de irrigação	:	Irrigação por inundação

3.4.1   Detalhes do tratamento:

Tratar. Não.	Tratamentos
T_1	Dose recomendada de fertilizante N:P:K (100:50:50 kg/ha)
T_2	FYM (20 t/ha)
T_3	Vermicomposto (5 t/ha)
T_4	Biofertilizantes (*Azotobactor* + PSB + KSB) (cada 2 litros/ha)
T_5	50 % FTR + FYM (20 t/ha)
T_6	50 % FTR + Vermicomposto (5 t/ha)
T_7	50 % FTR + Biofertilizantes (*Azotobactor* + PSB + KSB) (cada 2 litros/ha)
T_8	75 % FTR + FYM (20 t/ha)
T_9	75 % FTR + Vermicomposto (5 t/ha)
T_{10}	75 % FTR + Biofertilizantes (*Azotobactor* + PSB + KSB) (cada 2 litros/ha)

3.5   Práticas culturais

3.5.1   Preparação do terreno

O quiabo não apresenta nenhum desempenho de crescimento em solos arenosos a argilosos, portanto, a área que possui tal solo foi evitada. Preferiu-se a área com solo ligeiramente alcalino. Foi efectuada uma lavoura profunda no verão, seguida de 2 a 3 lavouras ligeiras para obter a inclinação. O nível do terreno foi então mantido após a última lavra.

3.5.2 Estrume e fertilizantes incorporados na terra

As aplicações de estrume e fertilizantes, embora tenham sido aplicadas com base nas estações do ano, nas condições climáticas e na fertilidade do solo. Foram utilizadas 20 t/ha de FYM bem decomposto e 5 t/ha de vermicomposto. 100 Kg/ha de nitrogénio, 50 kg/ha de P O_{25} e 50 kg/ha de K_2 O, pois esta quantidade é suficiente. A dose completa de adubo fosfatado e potássico e um terço da dose de adubo azotado foi aplicada na última lavoura. A dose restante de fertilizante azotado foi aplicada na última lavoura. Para evitar perdas por lixiviação nas estações chuvosas, o azoto foi aplicado em 4-5 doses divididas.

Método de aplicação de estrume e biofertilizante: As sementes foram tratadas antes da sementeira. Os estrumes foram aplicados no solo antes da sementeira das sementes.

3.5.3 Semeadura

As sementes de quiabo foram aplicadas preferencialmente a 30 cm de distância, de modo a proporcionar um maior cuidado, uma vez que se trata de uma cultura de primavera-verão; os camalhões foram feitos a 60 cm de distância. Os camalhões são orientados de sul para norte e as sementes foram semeadas no lado do camalhão virado para leste, de acordo com o que foi evitado.

3.5.4 Desbaste e preenchimento de lacunas

As operações de desbaste foram realizadas aos 15 dias após a sementeira do feijão de cacho para manter o estande ótimo de plantas em cada parcela. Para o preenchimento das lacunas, foi efectuada uma nova sementeira nas lacunas geradas devido a falhas de germinação.

3.5.5 Monda e intercultura

Para o controlo das ervas daninhas e o arejamento adequado da parcela experimental, foram realizadas três operações de monda manual e duas operações de intercultura.

3.5.6 Proteção das plantas e operações interculturais

As sementes que tinham de ser incorporadas nas terras foram tratadas com uma solução de Bavistin a 0,2%, o que as ajudou a ativar o processo de germinação e também, inicialmente, salvou as plântulas de sementes patogénicas. Durante a época de cultivo não se observaram insectos-praga e doenças graves, mas observou-se um pequeno ataque de pragas sugadoras. Este foi eficazmente controlado pela aplicação de urina de vaca a 1 litro por 10 litros de água.

3.5.7 Irrigação

No total, foram aplicadas duodécimas irrigações com 6 a 8 dias de intervalo durante o período de cultivo no ano de 2020.

3.5.8 Colheita e debulha

A colheita foi efectuada de manhã, para que os pêlos dos frutos pudessem ser facilmente removidos. Os frutos foram colhidos dobrando o pedicelo com um ligeiro empurrão. A colheita das vagens verdes tenras foi efectuada de manhã durante todo o período experimental, com um intervalo de 3-4 dias.

3.5.9 Gestão pós-colheita

Para a avaliação da amostra, foram seleccionados frutos com 6-8 cm de comprimento. Os frutos mais compridos podem ser utilizados nos mercados de produtos frescos, pelo que é preferível provar estas amostras para obter informações correctas.

3.6 Recolha de dados experimentais

Em cada parcela, foram seleccionadas aleatoriamente cinco plantas da área da rede e etiquetadas com uma etiqueta para registar observações sobre vários parâmetros de crescimento, rendimento e qualidade, de acordo com o calendário de observações.

3.7 As observações foram registadas

3.7.1 Parâmetros de crescimento:

3.7.1.1 Germinação (%)

Os dias decorridos desde a data de sementeira até à germinação do início do crescimento dos frutos (6-8 cm) em cada uma das plantas seleccionadas das parcelas foram registados e expressos como dias até à germinação a 100%.

3.7.1.2 Altura da planta (cm)

A altura da planta foi medida em centímetros, desde o nível do solo até à ponta do rebento principal, na altura da última colheita.

3.7.1.3 Número de ramos por planta na altura da colheita

De cada ranhura foram escolhidas cinco plantas e os seus números de ramos foram contados manualmente e depois foi tirada a sua média. Obteve-se, assim, o número médio de ramos.

3.7.1.4 Dias até à primeira floração

Os dias que a planta demorou a produzir a primeira flor em cada parcela foram registados a partir da data de sementeira e expressos em dias até à primeira floração.

3.7.2 Parâmetros de rendimento:

3.7.2.1 Número de frutos por planta

O número de frutos por planta foi contado manualmente em cada parcela, tendo sido escolhidas cinco plantas para efetuar a contagem.

3.7.2.2 Peso do fruto (g)

Após a colheita de cinco plantas, foram seleccionados aleatoriamente cinco frutos para registar o peso do fruto. A média dos cinco frutos foi calculada e expressa em g.

3.7.2.3 Comprimento do fruto (cm)

O peso do fruto foi medido desde a ponta do fruto até ao ponto de fixação ao pedicelo. O comprimento do fruto foi medido a partir da ponta do fruto até ao ponto de fixação ao pedicelo, utilizando uma escala em cm. A média de cinco frutos foi calculada e expressa em cm.

3.7.2.4 Diâmetro do fruto (mm)

Diâmetro do fruto (mm). Após a colheita de cinco plantas, foram seleccionados aleatoriamente cinco frutos para medir o diâmetro do fruto.

3.7.2.5 Dias até à primeira colheita

Os dias para a primeira colheita foram contados a partir dos dias em que foram semeados até ao dia em que se observaram os frutos com 6-8 cm de comprimento, tendo estes sido depois ligeiramente sacudidos.

3.7.2.6 Produção de frutos (kg/parcela)

Os frutos colhidos de todas as plantas de toda a parcela foram pesados após cada colheita e os seus totais foram somados no final para este efeito.

3.7.2.7 Rendimento de frutos (kg/ha)

Os números de frutos por hectare foram contados de acordo com a média de frutificação por parcela e, em seguida, estimou-se grosseiramente quantos frutos poderiam estar presentes num hectare de área.

3.7.3 Parâmetros de qualidade:

3.7.3.1 SST (^{0} Brix)

Os sólidos solúveis totais (SST) da polpa de quiabo foram registados por um refratómetro manual digital de bolso (variando de 0-32^0 Brix). Uma gota de polpa de quiabo extraída foi colocada no refratómetro manual e a leitura foi registada e expressa em termos de graus brix. Foram efectuadas três leituras para cada tratamento e, finalmente, calculou-se o seu valor médio.

3.7.3.2 Fibra bruta (%) Procedimento

Colocaram-se 5 gramas de amostra isenta de humidade num copo de 500 ml e adicionaram-se 200 ml de ácido sulfúrico a 1,25 %. Deixou-se refluxar durante 30 minutos e filtrou-se através de um pano de musselina utilizando um funil de Buchner. O resíduo foi lavado com água quente até ficar isento de ácido e depois transferido para um copo. Adicionaram-se 200 ml de hidróxido de sódio a 1,25 % ao copo e refluxou-se novamente durante 30 minutos. Filtrar novamente com um pano de musselina e lavar com água quente. Transferir o resíduo para um cadinho previamente tarado e secar até peso constante a 130° C durante 2 horas numa estufa de ar quente. O resíduo foi inflamado numa mufla e registou-se a perda de peso.

Fibra bruta (%) = W_2 - W_3 / W_1 × 100

Onde, W_1 = Peso da amostra colhida W_2 = Peso do resíduo

W_3 = Peso das cinzas após a ignição

3.7.3.3   Hidratos de carbono (g/100g)

O teor total de hidratos de carbono dos frutos foi estimado por calorimetria e expresso em gramas por 100 g de frutos.

3.7.4   Análise do solo:

•   Estimativa do azoto, do fósforo e do potássio disponíveis no solo antes da sementeira e após a colheita da cultura.

Para conhecer o estado dos nutrientes (NPK) do solo após a colheita da cultura, foram colhidas amostras de solo a 0-15 e 15-30 cm de profundidade em todas as parcelas de tratamento. O N, P e K disponíveis foram estimados utilizando os seguintes métodos:

Método de análise do solo:

Nutriente	Método	Referência
Disponível N	$KMnO$ alcalino$_4$ método	Subbiah e Asija, 1956
Disponível P O_{25}	Método de Olsen	Olsen *et al.* 1954
Disponível K O_2	Método fotométrico de chama	Jackson, 1974

3.8   Análise estatística:

A análise estatística dos dados de vários caracteres foi efectuada de acordo com o Randomized Block Design (RBD). A análise de variância foi realizada usando procedimentos estatísticos padrão, conforme descrito por Panse e Sukhatme (1985). O erro padrão da média (S.Em ±), a diferença crítica (C.D.) a 5 por cento e o coeficiente de variância (C.V. %) foram trabalhados para a interpretação dos resultados. A análise estatística foi efectuada no Departamento de Estatística Agrícola, Faculdade de Agricultura, J.A.U., Junagadh.

3.9 Economia:

A fim de avaliar a eficácia dos diferentes tratamentos e determinar o tratamento mais remunerador, foram calculadas e adicionadas as despesas incorridas em todas as operações culturais, desde a plantação até à colheita da cultura, incluindo o custo dos factores de produção, *nomeadamente*, material de plantação, adubos orgânicos, fertilizantes inorgânicos, biofertilizantes, irrigação, inseticida e encargos com a mão de obra para cada tratamento.

A realização bruta foi calculada com base na produção média de frutos por cada tratamento ao preço de mercado em vigor. A realização líquida por tratamento foi calculada deduzindo o custo de cultivo da realização bruta para cada tratamento e registada em conformidade. O rácio custo-benefício foi calculado com base na fórmula abaixo indicada.

$$CBR = \frac{\text{Realização bruta (Rs. /ha.)}}{\text{Custo total de cultivo (Rs. /ha.)}}$$

CAPÍTULO-IV
RESULTADOS EXPERIMENTAIS

Os resultados apresentados neste capítulo abrangem diferentes aspectos realizados durante o presente estudo sobre **"Efeito de fertilizantes orgânicos, inorgânicos e biofertilizantes no crescimento, rendimento e qualidade do quiabo (*Abelmoschus esculentus* L. Moench)"** foi realizado durante o ano de 2020 na Quinta Educacional, Politécnica em Horticultura, JAU, Junagadh.

Os dados relativos a vários parâmetros de crescimento, rendimento, qualidade e solo, influenciados por vários tratamentos individuais e combinados de fertilizantes orgânicos, inorgânicos e biofertilizantes, juntamente com inferências estatísticas, são apresentados em tabelas e também ilustrados graficamente sempre que necessário. Por uma questão de conveniência, todo o capítulo foi dividido nos seguintes subcapítulos:

4.1   **Parâmetros de crescimento**

4.2   **Parâmetros de rendimento**

4.3   **Parâmetros de qualidade**

4.4   **Análise do solo**

4.5   **Economia**

4.1   **Parâmetros de crescimento**

Os dados sobre o efeito dos fertilizantes orgânicos, inorgânicos e biofertilizantes na percentagem de germinação, altura da planta (cm), número de ramos por planta na altura da colheita e dias até à primeira floração foram registados durante o ensaio experimental e são apresentados nos quadros 4.1 a 4.4.

4.1.1   **Efeito da percentagem de germinação**

Os dados apresentados sobre a percentagem de germinação no Quadro 4.1 e representados graficamente na Fig. 4.1 revelaram claramente que existem diferenças significativas devido ao efeito dos fertilizantes orgânicos, inorgânicos e biofertilizantes na percentagem de germinação.

A germinação máxima (97,33 %) foi observada no tratamento T_6 [50 % FTR + Vermicomposto (5 t/ha)], que foi estatisticamente igual ao tratamento T_1 [Dose recomendada de fertilizante N:P:K (100:50:50 kg/ha)] (93.67 %), T_{10} [75 % RDF + Biofertilizantes (*Azotobactor* + PSB + KSB) (cada 2 litros/ha)] (95,67 %) tratamentos. enquanto a germinação mínima (86,67 %) foi observada no tratamento T_2 [FYM (20 t/ha)].

29

Tabela 4.1: Efeito de fertilizantes orgânicos, inorgânicos e biofertilizantes na percentagem de germinação do quiabo cv. GO-6

Tratar. Não.	Detalhes do tratamento	Germinação (%)
T_1	Dose recomendada de fertilizante N:P:K (100:50:50 kg/ha)	93.67
T_2	FYM (20 t/ha)	86.67
T_3	Vermicomposto (5 t/ha)	92.67
T_4	Biofertilizantes (*Azotobactor* + PSB + KSB) (cada 2 litro/ha)	93.33
T_5	50 % FTR + FYM (20 t/ha)	92.33
T_6	50 % FTR + Vermicomposto (5 t/ha)	97.33
T_7	50 % FTR + Biofertilizantes (*Azotobactor* + PSB + KSB) (cada 2 litros/ha)	93.00
T_8	75 % FTR + FYM (20 t/ha)	91.67
T_9	75 % FTR + Vermicomposto (5 t/ha)	95.00
T_{10}	75 % FTR + Biofertilizantes (*Azotobactor* + PSB + KSB) (cada 2 litros/ha)	95.67
	S. Em. ±	**1.297**
	C. D. a 5 %	**3.69**
	C.V. %	**2.41**

4.1.2 Efeito da altura da planta (cm)

Os dados apresentados sobre a altura da planta (cm) no Quadro 4.2 e representados graficamente na Fig. 4.2 revelaram claramente que existem diferenças significativas devido ao efeito dos fertilizantes orgânicos, inorgânicos e biofertilizantes na altura da planta (cm).

Tabela 4.2: Efeito dos fertilizantes orgânicos, inorgânicos e biofertilizantes na altura das plantas (cm) do quiabeiro cv. GO-6

Tratar. Não.	Detalhes do tratamento	Planta altura (cm)
T_1	Dose recomendada de fertilizante N:P:K (100:50:50 kg/ha)	170.13
T_2	FYM (20 t/ha)	141.00
T_3	Vermicomposto (5 t/ha)	157.33
T_4	Biofertilizantes (*Azotobactor* + PSB + KSB) (cada 2 litros/ha)	162.53
T_5	50 % FTR + FYM (20 t/ha)	157.33
T_6	50 % FTR + Vermicomposto (5 t/ha)	197.67
T_7	50 % FTR + Biofertilizantes (*Azotobactor* + PSB + KSB) (cada 2 litros/ha)	174.53
T_8	75 % FTR + FYM (20 t/ha)	173.80
T_9	75 % FTR + Vermicomposto (5 t/ha)	175.27
T_{10}	75 % FTR + Biofertilizantes (*Azotobactor* + PSB + KSB) (cada 2 litros/ha)	183.33
	S. Em. ±	**6.211**
	C. D. a 5 %	**17.68**
	C.V. %	**6.35**

A altura máxima das plantas (197,67 cm) foi registada no tratamento T_6 [50 % FTR + Vermicomposto (5 t/ha)], que foi estatisticamente igual ao tratamento T_{10} [75% FTR + Biofertilizantes (*Azotobactor* + PSB + KSB) (cada 2 litros/ha)] (183,33 cm). enquanto a altura mínima da planta (141,00 cm) foi observada no tratamento T_2 [FYM (20 t/ha)].

Tabela 4.3: Efeito dos fertilizantes orgânicos, inorgânicos e biofertilizantes no número de ramos por planta na colheita do quiabeiro cv. GO-6

Tratar. Não.	Detalhes do tratamento	Número de ramos por planta na altura da colheita
T_1	Dose recomendada de fertilizante N:P:K (100:50:50 kg/ha)	1.87
T_2	FYM (20 t/ha)	1.67
T_3	Vermicomposto (5 t/ha)	2.20
T_4	Biofertilizantes (*Azotobactor* + PSB + KSB) (cada 2 litros/ha)	2.17
T_5	50 % FTR + FYM (20 t/ha)	2.00
T_6	50 % FTR + Vermicomposto (5 t/ha)	3.07
T_7	50 % FTR + Biofertilizantes (*Azotobactor* + PSB + KSB) (cada 2 litros/ha)	2.27
T_8	75 % FTR + FYM (20 t/ha)	2.13
T_9	75 % FTR + Vermicomposto (5 t/ha)	2.33
T_{10}	75 % FTR + Biofertilizantes (*Azotobactor* + PSB + KSB) (cada 2 litros/ha)	2.70
	S. Em. ±	0.119
	C. D. a 5 %	0.34
	C.V. %	10.19

4.1.3 Efeito do número de ramos por planta na altura da colheita

Os dados apresentados sobre o número de ramos por planta na altura da colheita no quadro 4.3 e representados graficamente na Fig. 4.3 revelaram claramente que existem diferenças significativas devido ao efeito dos fertilizantes orgânicos, inorgânicos e biofertilizantes no número de ramos por planta na altura da colheita.

O número máximo de ramos por planta no momento da colheita (3,07) foi observado no tratamento T₆ [50 % RDF + Vermicomposto (5 t/ha)], enquanto o número mínimo de ramos por planta no momento da colheita (1,67) foi observado no tratamento T₂ [FYM (20 t/ha)].

Tabela 4.4: Efeito dos fertilizantes orgânicos, inorgânicos e biofertilizantes nos dias para a primeira floração do quiabeiro cv. GO-6

Tratar. Não.	Detalhes do tratamento	Dias até à primeira floração
T₁	Dose recomendada de fertilizante N:P:K (100:50:50 kg/ha)	42.53
T₂	FYM (20 t/ha)	45.60
T₃	Vermicomposto (5 t/ha)	44.07
T₄	Biofertilizantes (*Azotobactor* + PSB + KSB) (cada 2 litros/ha)	43.80
T₅	50 % FTR + FYM (20 t/ha)	42.33
T₆	50 % FTR + Vermicomposto (5 t/ha)	39.13
T₇	50 % FTR + Biofertilizantes (*Azotobactor* + PSB + KSB) (cada 2 litros/ha)	42.40
T₈	75 % FTR + FYM (20 t/ha)	43.60
T₉	75 % FTR + Vermicomposto (5 t/ha)	43.40
T10	75 % FTR + Biofertilizantes (*Azotobactor* + PSB + KSB) (cada 2 litros/ha)	41.00
	S. Em. ±	**0.289**
	C. D. a 5 %	**0.82**
	C.V. %	**10.17**

4.1.4   Efeito dos dias até à primeira floração

Os dados apresentados sobre os dias até à primeira floração no Quadro 4.4 e representados graficamente na Fig. 4.4 revelam claramente que existem diferenças significativas devido ao efeito dos fertilizantes orgânicos, inorgânicos e biofertilizantes nos dias até à primeira floração.

O mínimo de dias para a primeira floração (39,13) foi observado no tratamento T₆ [50

% RDF + Vermicomposto (5 t/ha)] enquanto que o máximo de dias para a primeira floração (45,60) foi observado no tratamento T_2 [FYM (20 t/ha)].

4.2 Parâmetros de rendimento

Os dados sobre o efeito dos fertilizantes orgânicos, inorgânicos e biofertilizantes no número de frutos por planta, peso do fruto (g), comprimento do fruto (cm), diâmetro do fruto (mm), dias para a primeira colheita, rendimento do fruto (kg/parcela) e rendimento do fruto (kg/ha) foram registados durante o ensaio experimental e são apresentados nos quadros 4.5 a 4.11.

Tabela 4.5: Efeito dos fertilizantes orgânicos, inorgânicos e biofertilizantes no número de frutos por planta do quiabeiro cv. GO-6

Tratar. Não.	Detalhes do tratamento	Número de frutos por planta
T_1	Dose recomendada de fertilizante N:P:K (100:50:50 kg/ha)	13.13
T_2	FYM (20 t/ha)	10.06
T_3	Vermicomposto (5 t/ha)	12.66
T_4	Biofertilizantes (*Azotobactor* + PSB + KSB) (cada 2 litros/ha)	11.73
T_5	50 % FTR + FYM (20 t/ha)	12.23
T_6	50 % FTR + Vermicomposto (5 t/ha)	15.07
T_7	50 % FTR + Biofertilizantes (*Azotobactor* + PSB + KSB) (cada 2 litros/ha)	12.87
T_8	75 % FTR + FYM (20 t/ha)	13.00
T_9	75 % FTR + Vermicomposto (5 t/ha)	13.07
T_{10}	75 % FTR + Biofertilizantes (*Azotobactor* + PSB + KSB) (cada 2 litros/ha)	13.71
	S. Em. ±	**0.756**
	C. D. a 5 %	**2.15**
	C.V. %	**10.26**

4.2.1   Efeito do número de frutos por planta

Os dados apresentados sobre o número de frutos por planta no Quadro 4.5 e representados graficamente na Fig. 4.5 revelaram claramente que existem diferenças significativas devido ao efeito dos fertilizantes orgânicos, inorgânicos e biofertilizantes no número de frutos por planta.

O número máximo de frutos por planta (15,07) foi observado no tratamento T_6 [50 % FTR + Vermicomposto (5 t/ha)], que foi estatisticamente igual ao tratamento T_1 [Dose recomendada de fertilizante N:P:K (100:50:50 kg/ha) (13.13), T_8 [75 % FTR + FYM (20 t/ha)] (13.00), T_9 [75 % FTR + Vermicomposto (5 t/ha)] (13.07) e T_{10} [75

% RDF + Biofertilizantes (*Azotobactor* + PSB + KSB) (cada 2 litros/ha)] (13,71). enquanto o número mínimo de frutos por planta (10,06) foi observado no tratamento T_2 [FYM (20 t/ha)].

Tabela 4.6: Efeito dos fertilizantes orgânicos, inorgânicos e biofertilizantes no peso do fruto (g) do quiabeiro cv. GO-6

Tratar. Não.	Detalhes do tratamento	Peso do fruto (g)
T_1	Dose recomendada de fertilizante N:P:K (100:50:50 kg/ha)	16.89
T_2	FYM (20 t/ha)	15.51
T_3	Vermicomposto (5 t/ha)	16.07
T_4	Biofertilizantes (*Azotobactor* + PSB + KSB) (cada 2 litros/ha)	16.31
T_5	50 % FTR + FYM (20 t/ha)	17.83
T_6	50 % FTR + Vermicomposto (5 t/ha)	21.53
T_7	50 % FTR + Biofertilizantes (*Azotobactor* + PSB + KSB) (cada 2 litros/ha)	18.05
T_8	75 % FTR + FYM (20 t/ha)	17.38
T_9	75 % FTR + Vermicomposto (5 t/ha)	17.73
T_{10}	75 % FTR + Biofertilizantes (*Azotobactor* + PSB + KSB) (cada 2 litros/ha)	20.36
	S. Em. ±	**0.599**
	C. D. a 5 %	**1.70**
	C.V. %	**6.49**

4.2.2 Efeito do peso do fruto (g)

Os dados apresentados sobre o peso do fruto (g) no Quadro 4.6 e representados graficamente na Fig. 4.6 revelaram claramente que existem diferenças significativas devido ao efeito dos fertilizantes orgânicos, inorgânicos e biofertilizantes no peso do fruto (g).

O peso máximo dos frutos (21,53 g) foi registado no tratamento T_6 [50 % FTR + vermicomposto (5 t/ha)] que foi estatisticamente igual ao tratamento T_{10} [75 % FTR + Biofertilizantes (*Azotobactor*+ PSB + KSB) (cada 2 litros/ha)] (20,36 g) enquanto que o peso mínimo do fruto (15,51 g) foi observado no tratamento T_2 [FYM (20 t/ha)].

Tabela 4.7: Efeito de fertilizantes orgânicos, inorgânicos e biofertilizantes no comprimento do fruto (cm) do quiabeiro cv. GO-6

Tratar. Não.	Detalhes do tratamento	Compriment o do fruto (cm)
T_1	Dose recomendada de fertilizante N:P:K (100:50:50 kg/ha)	15.31
T_2	FYM (20 t/ha)	13.92
T_3	Vermicomposto (5 t/ha)	14.49
T_4	Biofertilizantes (*Azotobactor* + PSB + KSB) (cada 2 litros/ha)	14.64
T_5	50 % FTR + FYM (20 t/ha)	16.26
T_6	50 % FTR + Vermicomposto (5 t/ha)	19.27
T_7	50 % FTR + Biofertilizantes (*Azotobactor* + PSB + KSB) (cada 2 litros/ha)	16.48
T_8	75 % FTR + FYM (20 t/ha)	15.81
T_9	75 % FTR + Vermicomposto (5 t/ha)	16.16
T_{10}	75 % FTR + Biofertilizantes (*Azotobactor* + PSB + KSB) (cada 2 litros/ha)	18.32
	S. Em. ±	0.485
	C. D. a 5 %	1.38
	C.V. %	5.82

4.2.3 Efeito do comprimento do fruto (cm)

Os dados apresentados sobre o comprimento do fruto (cm) no Quadro 4.7 e representados graficamente na Fig. 4.7 revelaram claramente que existem diferenças significativas devido ao efeito dos fertilizantes orgânicos, inorgânicos e biofertilizantes no comprimento do fruto (cm).

O comprimento máximo dos frutos (19,27 cm) foi observado no tratamento T_6 [50 % FTR + Vermicomposto (5 t/ha)] que foi estatisticamente igual ao tratamento T_{10} [75 % FTR + Biofertilizantes (*Azotobactor* + PSB + KSB) (cada 2 litros/ha)] (18,32 cm) enquanto o comprimento mínimo dos frutos (13,92 cm) foi observado no tratamento T_2 [FYM (20 t/ha)].

Tabela 4.8: Efeito dos fertilizantes orgânicos, inorgânicos e biofertilizantes no diâmetro do fruto (mm) do quiabeiro cv. GO-6

Tratar. Não.	Detalhes do tratamento	Diâmetro do fruto (mm)
T_1	Dose recomendada de fertilizante N:P:K (100:50:50 kg/ha)	14.66
T_2	FYM (20 t/ha)	13.53
T_3	Vermicomposto (5 t/ha)	14.25
T_4	Biofertilizantes (*Azotobactor* + PSB + KSB) (cada 2 litros/ha)	14.47
T_5	50 % FTR + FYM (20 t/ha)	15.23
T_6	50 % FTR + Vermicomposto (5 t/ha)	17.06
T_7	50 % FTR + Biofertilizantes (*Azotobactor* + PSB + KSB) (cada 2 litros/ha)	15.81
T_8	75 % FTR + FYM (20 t/ha)	15.91
T_9	75 % FTR + Vermicomposto (5 t/ha)	15.76
T_{10}	75 % FTR + Biofertilizantes (*Azotobactor* + PSB + KSB) (cada 2 litros/ha)	16.49
	S. Em. ±	**0.488**
	C. D. a 5 %	**1.39**
	C.V. %	**6.12**

4.2.4 Efeito do diâmetro do fruto (mm)

Os dados apresentados sobre o diâmetro do fruto (mm) no Quadro 4.8 e representados graficamente na Fig. 4.8 revelaram claramente que existem diferenças significativas devido ao efeito dos fertilizantes orgânicos, inorgânicos e biofertilizantes no diâmetro do fruto (mm). O diâmetro máximo do fruto (17,06 mm) foi observado no tratamento T_6 [50 % FTR + Vermicomposto (5 t/ha)], que foi estatisticamente igual ao tratamento T_7 [50 % FTR + Biofertilizantes (*Azotobactor* + PSB + KSB) (cada 2 litros/ha)] (15,81 mm), tratamento T_8 [75 % FTR + FYM (20 t/ha)] (15,91 mm), T_9 [75 % FTR +

Vermicomposto (5 t/ha)] (15,76 mm) e T_{10} [75 % CDR + Biofertilizantes (*Azotobactor*

+ PSB + KSB) (cada 2 litros/ha)] (16,49 mm) enquanto que o diâmetro mínimo dos frutos (13,53 mm) foi registado no tratamento T_2 [FYM (20 t/ha)].

Tabela 4.9: Efeito dos fertilizantes orgânicos, inorgânicos e biofertilizantes nos dias para a primeira colheita do quiabo cv. GO-6

Tratar. Não.	Detalhes do tratamento	Dias até à primeira colheita
T_1	Dose recomendada de fertilizante N:P:K (100:50:50 kg/ha)	57.00
T_2	FYM (20 t/ha)	61.33
T_3	Vermicomposto (5 t/ha)	56.67
T_4	Biofertilizantes (*Azotobactor* + PSB + KSB) (cada 2 litros/ha)	56.67
T_5	50 % FTR + FYM (20 t/ha)	55.00
T_6	50 % FTR + Vermicomposto (5 t/ha)	46.33
T_7	50 % FTR + Biofertilizantes (*Azotobactor* + PSB + KSB) (cada 2 litros/ha)	55.00
T_8	75 % FTR + FYM (20 t/ha)	56.00
T_9	75 % FTR + Vermicomposto (5 t/ha)	54.00
T_{10}	75 % FTR + Biofertilizantes (*Azotobactor* + PSB + KSB) (cada 2 litros/ha)	55.33
	S. Em. ±	1.710
	C. D. a 5 %	4.87
	C.V. %	6.66

4.2.5   Efeito dos dias até à primeira colheita

Os dados apresentados no Quadro 4.9 sobre os dias até à primeira colheita e representados graficamente na Fig. 4.9 revelam claramente que existem diferenças significativas devido ao efeito dos fertilizantes orgânicos, inorgânicos e biofertilizantes nos dias até à primeira colheita.

O mínimo de dias para a primeira colheita (46.33) foi observado no tratamento T_6 [50 % RDF + Vermicomposto (5 t/ha)] enquanto o máximo de dias para a primeira colheita (61.33) foi observado no tratamento T_2 [FYM (20 t/ha)].

Tabela 4.10: Efeito de fertilizantes orgânicos, inorgânicos e biofertilizantes na produção de frutos em kg por parcela de quiabo cv. GO-6

Tratar. Não.	Detalhes do tratamento	Produção de frutos (kg/parcela)
T_1	Dose recomendada de fertilizante N:P:K (100:50:50 kg/ha)	9.38
T_2	FYM (20 t/ha)	6.24
T_3	Vermicomposto (5 t/ha)	8.14
T_4	Biofertilizantes (*Azotobactor* + PSB + KSB) (cada 2 litros/ha)	7.65
T_5	50 % FTR + FYM (20 t/ha)	8.22
T_6	50 % FTR + Vermicomposto (5 t/ha)	12.97
T_7	50 % FTR + Biofertilizantes (*Azotobactor* + PSB + KSB) (cada 2 litros/ha)	9.29
T_8	75 % FTR + FYM (20 t/ha)	9.04
T_9	75 % FTR + Vermicomposto (5 t/ha)	9.29
T_{10}	75 % FTR + Biofertilizantes (*Azotobactor* + PSB + KSB) (cada 2 litros/ha)	11.19
	S. Em. ±	0.649
	C. D. a 5 %	1.84
	C.V. %	12.29

4.2.6 Efeito da produção de frutos kg por parcela

Os dados apresentados no Quadro 4.10 e representados graficamente na Fig. 4.10 revelam claramente que existem diferenças significativas devido ao efeito dos fertilizantes orgânicos, inorgânicos e biofertilizantes na produção de frutos em kg por parcela.

A produção máxima de frutos (12,97 kg/parcela) foi observada no tratamento T_6 [50 % RDF + Vermicomposto (5 t/ha)], que foi estatisticamente igual ao T_{10} [75 % RDF + Biofertilizantes (*Azotobactor* + PSB + KSB) (cada 2 litros/ha)] (11,19 kg/parcela), enquanto a produção mínima de frutos (6,24 kg/parcela) foi observada no tratamento T_2 [FYM (20 t/ha)].

Tabela 4.11: Efeito de fertilizantes orgânicos, inorgânicos e biofertilizantes na produção de frutos em kg por hectare de quiabo cv. GO-6

Tratar. Não.	Detalhes do tratamento	Rendimento de frutos (kg/ha)
T_1	Dose recomendada de fertilizante N:P:K (100:50:50 kg/ha)	13023.89
T_2	FYM (20 t/ha)	8663.64
T_3	Vermicomposto (5 t/ha)	11303.15
T_4	Biofertilizantes (*Azotobactor* + PSB + KSB) (cada 2 litros/ha)	10627.70
T_5	50 % FTR + FYM (20 t/ha)	11424.94
T_6	50 % FTR + Vermicomposto (5 t/ha)	18022.77
T_7	50 % FTR + Biofertilizantes (*Azotobactor* + PSB + KSB) (cada 2 litros/ha)	12896.89
T_8	75 % FTR + FYM (20 t/ha)	12553.56
T_9	75 % FTR + Vermicomposto (5 t/ha)	12904.81
T_{10}	75 % FTR + Biofertilizantes (*Azotobactor* + PSB + KSB) (cada 2 litros/ha)	15562.62
	S. Em. ±	**902.011**
	C. D. a 5 %	**2567.34**
	C.V. %	**12.30**

4.2.7   Efeito da produção de frutos kg por hectare

Os dados apresentados no Quadro 4.11 e representados graficamente na Fig. 4.11 revelam claramente que existem diferenças significativas devido ao efeito dos fertilizantes orgânicos, inorgânicos e biofertilizantes no rendimento de frutos em kg por hectare.

A produção máxima de frutos (18022,77 kg/ha) foi observada no tratamento T_6 [50 % RDF + Vermicomposto (5 t/ha)]. O que foi estatisticamente igual ao T_{10} [75% RDF + Biofertilizantes (*Azotobactor* + PSB + KSB) (cada 2 litros/ha)] (15562.62 kg/ha). enquanto que o rendimento mínimo de frutos (8663.64 kg/ha) foi observado no tratamento T_2 [FYM (20 t/ha)].

4.3   Parâmetros de qualidade

Os dados sobre o efeito dos fertilizantes orgânicos, inorgânicos e biofertilizantes no TSS (^{0} Brix), fibra bruta (%) e hidratos de carbono (g/100g) foram registados durante a experiência e são apresentados nos quadros 4.12 a 4.14.

Tabela 4.12: Efeito de fertilizantes orgânicos, inorgânicos e biofertilizantes no SST (^{0} Brix) do quiabo cv. GO-6

Tratar. Não.	Detalhes do tratamento	TSS (^{0} Brix)
T_1	Dose recomendada de fertilizante N:P:K (100:50:50 kg/ha)	6.13
T_2	FYM (20 t/ha)	5.61
T_3	Vermicomposto (5 t/ha)	5.77
T_4	Biofertilizantes (*Azotobactor* + PSB + KSB) (cada 2 litros/ha)	6.00
T_5	50 % FTR + FYM (20 t/ha)	6.07
T_6	50 % FTR + Vermicomposto (5 t/ha)	6.70
T_7	50 % FTR + Biofertilizantes (*Azotobactor* + PSB + KSB) (cada 2 litros/ha)	5.99
T_8	75 % FTR + FYM (20 t/ha)	5.68
T_9	75 % FTR + Vermicomposto (5 t/ha)	6.20
T_{10}	75 % FTR + Biofertilizantes (*Azotobactor* + PSB + KSB) (cada 2 litros/ha)	6.30
	S. Em. ±	0.172
	C. D. a 5 %	0.49
	C.V. %	4.92

4.3.1 Efeito do TSS (^{0} Brix)

Os dados apresentados TSS (^{0} Brix) na Tabela 4.12 e representados graficamente na Fig.
4.12 revelou claramente que existem diferenças significativas devido ao efeito dos
fertilizantes orgânicos, inorgânicos e biofertilizantes no TSS (^{0} Brix).

O TSS máximo (6.70^0 Brix) foi observado no tratamento T_6 [50 % RDF + Vermicomposto (5
t/ha)] que foi estatisticamente igual ao tratamento T_{10} [75 % RDF + Biofertilizantes
(*Azotobactor* + PSB + KSB) (cada 2 litros/ha)] (6.30^0 Brix) enquanto o TSS mínimo (5.61^0
Brix) foi observado no tratamento T_2 [FYM (20 t/ha)].

**Tabela 4.13: Efeito de fertilizantes orgânicos, inorgânicos e biofertilizantes na fibra
bruta (%) do quiabo cv. GO-6**

Tratar. Não.	Detalhes do tratamento	Fibra bruta (%)
T_1	Dose recomendada de fertilizante N:P:K (100:50:50 kg/ha)	34.56
T_2	FYM (20 t/ha)	37.52
T_3	Vermicomposto (5 t/ha)	36.62
T_4	Biofertilizantes (*Azotobactor* + PSB + KSB) (cada 2 litros/ha)	33.40
T_5	50 % FTR + FYM (20 t/ha)	34.35
T_6	50 % FTR + Vermicomposto (5 t/ha)	31.33
T_7	50 % FTR + Biofertilizantes (*Azotobactor* + PSB + KSB) (cada 2 litros/ha)	35.75
T_8	75 % FTR + FYM (20 t/ha)	35.56
T_9	75 % FTR + Vermicomposto (5 t/ha)	34.20
T_{10}	75 % FTR + Biofertilizantes (*Azotobactor* + PSB + KSB) (cada 2 litros/ha)	36.08
	S. Em. ±	0.810
	C. D. a 5 %	2.31
	C.V. %	4.44

4.3.2 Efeito da fibra bruta (%)

Os dados apresentados de fibra bruta (%) na Tabela 4.13 e representados graficamente na Fig. 4.13 revelaram claramente que há diferenças significativas devido ao efeito de fertilizantes orgânicos, inorgânicos e biofertilizantes na fibra bruta (%).

O mínimo de fibra bruta (31,33 %) foi observado no tratamento T_6 [50 % FTR + Vermicomposto (5 t/ha)], que foi estatisticamente igual ao tratamento T_4 [Biofertilizantes (*Azotobactor* + PSB + KSB) (cada 2 litros/ha)] (33,40 %), enquanto a fibra bruta máxima (37,52 %) foi observada no tratamento T_2 [FYM (20 t/ha)].

Tabela 4.14: Efeito dos fertilizantes orgânicos, inorgânicos e biofertilizantes nos hidratos de carbono (g/100g) do quiabeiro cv. GO-6

Tratar. Não.	Detalhes do tratamento	Hidratos de carbono (g/100g)
T_1	Dose recomendada de fertilizante N :P:K (100:50:50 kg/ha)	6.09
T_2	FYM (20 t/ha)	5.23
T_3	Vermicomposto (5 t/ha)	5.62
T_4	Biofertilizantes (*Azotobactor* + PSB + KSB) (cada 2 litro/ha)	5.71
T_5	50 % FTR + FYM (20 t/ha)	5.81
T_6	50 % FTR + Vermicomposto (5 t/ha)	6.79
T_7	50 % FTR + Biofertilizantes (*Azotobactor* + PSB + KSB) (cada 2 litros/ha)	5.93
T_8	75 % FTR + FYM (20 t/ha)	5.99
T_9	75 % FTR + Vermicomposto (5 t/ha)	6.10
T_{10}	75 % FTR + Biofertilizantes (*Azotobactor* + PSB + KSB) (cada 2 litros/ha)	6.49
	S. Em. ±	0.155
	C. D. a 5 %	0.44
	C.V. %	4.50

4.3.3 Efeito dos hidratos de carbono (g/100g)

Os dados apresentados sobre os hidratos de carbono (g/100g) no Quadro 4.14 e representados graficamente na Fig. 4.14 revelam claramente que existem diferenças significativas devido ao efeito dos fertilizantes orgânicos, inorgânicos e biofertilizantes nos hidratos de carbono (g/100g).

O máximo de hidratos de carbono (6,79 g/100g) foi observado no tratamento T_6 [50 % FTR + Vermicomposto (5 t/ha) que foi estatisticamente igual ao tratamento T_{10} [75 % FTR + Biofertilizantes (*Azotobactor* + PSB + KSB) (cada 2 litros/ha)] (6,49 g/100g). enquanto que o mínimo de hidratos de carbono (5,23 g/100g) foi observado no tratamento T_2 [FYM (20 t/ha)].

4.4 Análise do solo

Os dados sobre o efeito dos fertilizantes orgânicos, inorgânicos e biofertilizantes no azoto, fósforo e potássio disponíveis no solo após a colheita da cultura foram registados durante o ensaio experimental e são apresentados nos quadros 4.15 a 4.17.

Tabela 4.15: Efeito dos fertilizantes orgânicos, inorgânicos e biofertilizantes no N disponível no solo (kg/ha) do quiabeiro cv. GO-6

Tratar. Não.	Detalhes do tratamento	Solo disponível N (kg/ha)
T_1	Dose recomendada de fertilizante N:P:K (100:50:50 kg/ha)	307
T_2	FYM (20 t/ha)	280
T_3	Vermicomposto (5 t/ha)	282
T_4	Biofertilizantes (*Azotobactor* + PSB + KSB) (cada 2 litros/ha)	262
T_5	50 % FTR + FYM (20 t/ha)	319
T_6	50 % FTR + Vermicomposto (5 t/ha)	332
T_7	50 % FTR + Biofertilizantes (*Azotobactor* + PSB + KSB) (cada 2 litros/ha)	303
T_8	75 % FTR + FYM (20 t/ha)	341
T_9	75 % FTR + Vermicomposto (5 t/ha)	356
T_{10}	75 % FTR + Biofertilizantes (*Azotobactor* + PSB + KSB) (cada 2 litros/ha)	318
	S. Em. ±	16.936
	C. D. a 5 %	48.20
	C.V. %	9.45

4.4.1   Efeito do N disponível no solo (kg/ha)

Os dados apresentados no Quadro 4.15 sobre o azoto disponível no solo (kg/ha) e representados graficamente na Fig. 4.15 revelam claramente que existem diferenças significativas devido ao efeito dos fertilizantes orgânicos, inorgânicos e biofertilizantes no azoto disponível no solo (kg/ha).

O máximo de azoto disponível no solo (356 kg/ha) foi observado em T_9 [75 % FTR + vermicomposto (5 t/ha) que foi estatisticamente igual ao tratamento T_{10} [75 % FTR + Biofertilizantes (*Azotobactor* + PSB + KSB) (cada 2 litros/ha)] (318 kg/ha), T_8 tratamento [75% RDF + FYM (20 t/ha)] (341 kg/ha), T_6 tratamento [50% RDF + Vermicomposto (5 t/ha)] (332 kg/ha) e T_5 [50% RDF + FYM (20 t/ha)] (319 kg/ha). Enquanto que o azoto disponível no solo mínimo (262 kg/ha) foi observado no tratamento T_4 [Biofertilizantes (*Azotobactor* + PSB + KSB) (cada 2 litros/ha)].

Tabela 4.16: Efeito dos fertilizantes orgânicos, inorgânicos e biofertilizantes no P disponível no solo (kg/ha) do quiabeiro cv. GO-6

Tratar. Não.	Detalhes do tratamento	P disponível no solo (kg/ha)
T_1	Dose recomendada de fertilizante N:P:K (100:50:50 kg/ha)	36.37
T_2	FYM (20 t/ha)	34.18
T_3	Vermicomposto (5 t/ha)	34.88
T_4	Biofertilizantes (*Azotobactor* + PSB + KSB) (cada 2 litros/ha)	32.47
T_5	50 % FTR + FYM (20 t/ha)	36.98
T_6	50 % FTR + Vermicomposto (5 t/ha)	39.33
T_7	50 % FTR + Biofertilizantes (*Azotobactor* + PSB + KSB) (cada 2 litros/ha)	37.49
T_8	75 % FTR + FYM (20 t/ha)	40.99
T_9	75 % FTR + Vermicomposto (5 t/ha)	45.20
T_{10}	75 % FTR + Biofertilizantes (*Azotobactor* + PSB + KSB) (cada 2 litros/ha)	44.58
	S. Em. ±	1.770
	C. D. a 5 %	5.04
	C.V. %	8.02

4.4.2 Efeito do P disponível no solo (kg/ha)

Os dados apresentados no Fósforo disponível no solo (kg/ha) no Quadro 4.16 e representados graficamente na Fig. 4.16 revelaram claramente que existem diferenças significativas devido ao efeito dos fertilizantes orgânicos, inorgânicos e biofertilizantes no Fósforo disponível no solo (kg/ha).

O máximo de fósforo disponível no solo (45,20 kg/ha) foi observado em T_9 [75 % RDF + Vermicomposto (5 t/ha)], que foi estatisticamente igual ao tratamento T_{10} [75 % FTR + Biofertilizantes (*Azotobactor* + PSB + KSB) (cada 2 litros/ha)] (44,58 kg/ha) e T_8 tratamento [75% FTR + FYM (20 t/ha)] (40,99 kg/ha) Considerando que o mínimo de fósforo disponível no solo (32,47 kg/ha) foi observado no tratamento T_4 [Biofertilizantes (*Azotobactor* + PSB + KSB) (cada 2 litros/ha)].

Tabela 4.17: Efeito dos fertilizantes orgânicos, inorgânicos e biofertilizantes no K disponível no solo (kg/ha) do quiabeiro cv. GO-6

Tratar. Não.	Detalhes do tratamento	K disponível no solo (kg/ha)
T_1	Dose recomendada de fertilizante N:P:K (100:50:50 kg/ha)	338
T_2	FYM (20 t/ha)	328
T_3	Vermicomposto (5 t/ha)	334
T_4	Biofertilizantes (*Azotobactor* + PSB + KSB) (cada 2 litros/ha)	320
T_5	50 % FTR + FYM (20 t/ha)	340
T_6	50 % FTR + Vermicomposto (5 t/ha)	360
T_7	50 % FTR + Biofertilizantes (*Azotobactor* + PSB + KSB) (cada 2 litros/ha)	326
T_8	75 % FTR + FYM (20 t/ha)	362
T_9	75 % FTR + Vermicomposto (5 t/ha)	399
T_{10}	75 % FTR + Biofertilizantes (*Azotobactor* + PSB + KSB) (cada 2 litros/ha)	345
	S.Em. ±	14.637
	C. D. a 5 %	41.65
	C.V. %	7.33

4.4.3   **Efeito do potássio disponível no solo (kg/ha)**

Os dados apresentados no quadro 4.17 sobre o potássio disponível no solo (kg/ha) e representados graficamente na Fig. 4.17 revelam claramente que existem diferenças significativas devido ao efeito dos fertilizantes orgânicos, inorgânicos e biofertilizantes no potássio disponível no solo (kg/ha).

O máximo de potássio disponível no solo (399 kg/ha) foi observado em T_9 [75 % RDF + Vermicomposto (5 t/ha)], que foi estatisticamente igual ao tratamento T_8 [75 % RDF + FYM (20 t/ha)] (362 kg/ha) e T_6 tratamento [50% RDF + Vermicomposto (5 t/ha) (360 kg/ha). Enquanto que o potássio disponível no solo mínimo (320 kg/ha) foi registado no tratamento T_4 [Biofertilizantes (*Azotobactor* + PSB + KSB) (cada 2 litros/ha)].

4.5   **Economia**

O efeito da planta de quiabo influenciada por fertilizantes orgânicos, inorgânicos e biofertilizantes por hectare numa estação é apresentado no quadro 4.18.

O tratamento T_4 [Biofertilizantes (*Azotobactor* + PSB + KSB) (cada 2 litros/ha)] incorreu no menor custo total de cultivo (Rs. 63102.68) por ha enquanto o tratamento T_9 [75% RDF + Vermicomposto (5 t/ha)] incorreu no custo total máximo de cultivo (Rs. 91260.18). O maior retorno bruto (Rs. 180227.7) foi registado em T_6 [50% RDF + Vermicomposto (5 t/ha)] assim como o máximo retorno líquido (Rs. 90260.02).

O rácio benefício-custo mais elevado (2,32) foi obtido no tratamento T_{10} [75% FTR + Biofertilizantes (*AzotobacterI* + *PSB* + *KSB*) (cada 2 litros/ha). Enquanto que o rácio benefício-custo mais baixo (1,19) foi registado no tratamento (T_2) [FYM (20 t/ha).

CAPÍTULO V
DISCUSSÃO

O presente estudo, intitulado "**Efeito de fertilizantes orgânicos, inorgânicos e biofertilizantes no crescimento, rendimento e qualidade do quiabo (*Abelmoschus esculentus* L. Moench)**", foi efectuado na quinta pedagógica, Politécnica de Horticultura, JAU, Junagadh. Junagadh pertence à zona agro-climática de South Saurashtra, Gujarat. A Universidade Agrícola de Junagadh, Junagadh, durante o ano de 2020, conduziu a algumas revelações importantes que são discutidas neste capítulo. São explicadas as razões adequadas para as variações observadas durante o presente estudo. Foram citados estudos de apoio relevantes e os resultados comunicados por outros investigadores foram também contraditos com as conclusões do presente estudo. Os resultados da investigação foram destacados nos seguintes aspectos:

5.1　　　**Parâmetros de crescimento**

5.2　　　**Parâmetros de rendimento**

5.3　　　**Parâmetros de qualidade**

5.4　　　**Análise do solo**

5.5　　　**Economia**

5.1　　　**PARÂMETROS DE CRESCIMENTO**

5.1.1　　　**Germinação (%)**

Os dados mostram que a adoção de diferentes tratamentos de fertilizantes orgânicos, inorgânicos e biofertilizantes produziu um efeito significativo na percentagem de germinação do quiabo (Quadro 4.1). A germinação máxima (97,33 %) foi registada no tratamento T_6 [50 % RDF

+ Vermicomposto (5 t/ha)], que foi estatisticamente igual aos tratamentos T_1 [Dose recomendada de fertilizante N:P:K (100:50:50 kg/ha)] (93,67 %), T_{10} [75% RDF + Biofertilizantes (*Azotobactor* + PSB + KSB) (cada 2 litros/ha)] (95,67 %). enquanto a germinação mínima (86,67 %) foi observada no tratamento T_2 [FYM (20 t/ha)]. Isso pode ser devido à aplicação criteriosa de adubo orgânico e fertilizantes químicos que levam a uma maior disponibilidade de nitrogénio. Além disso, o azoto é o principal constituinte de proteínas, enzimas, hormonas, vitaminas, alcalóides, clorofila e a sua síntese pode ter sido acelerada pelo fornecimento adequado de azoto em associação com biofertilizantes. Esta melhoria no crescimento das plantas pode ser atribuída ao melhor desenvolvimento das raízes, à absorção de minerais e à relação hídrica das plantas. A capacidade dos microrganismos para fixar o azoto atmosférico no solo e torná-lo disponível para as plantas em crescimento. Para além da fixação do azoto, é também responsável pela produção de hormonas vegetais como as IAA, GA_3 e substâncias semelhantes às citocininas, o que, em última análise, resulta numa melhor germinação. Resultados semelhantes foram encontrados por Singh *et al.* (2010) no quiabo.

5.1.2 Altura da planta (cm)

Os dados mostraram que a adoção de diferentes tratamentos de fertilizantes orgânicos, inorgânicos e biofertilizantes produziu um efeito significativo na altura das plantas de quiabo (Quadro 4.2). A altura máxima da planta (197,67 cm) foi observada no tratamento T_6 [50 % RDF + Vermicomposto (5 t/ha)], que foi estatisticamente igual ao tratamento T_{10} [75 % RDF + Biofertilizantes (*Azotobactor* + PSB + KSB) (cada 2 litros/ha) (183,33 cm). A altura mínima da planta (141,00 cm) foi observada no tratamento T_2 [FYM (20 t/ha)]. Isso pode ser devido ao aumento da disponibilidade de nutrientes e à preponderância de diferentes grupos de microorganismos no solo, que criam uma condição favorável para o crescimento vegetativo adequado em geral e o aumento da altura da planta em particular. A dose mais elevada de azoto pode ter aumentado a divisão celular e a formação de mais tecidos, resultando num crescimento vegetativo luxuriante e, assim, aumentando a altura da planta. Resultados semelhantes foram encontrados por Meyer e Anderson (2003), Mahapatra *et al.* (2013) e Kumar *et al.* (2017) no quiabeiro.

5.1.3 Número de ramos por planta na altura da colheita

Os dados observaram que a adoção de diferentes tratamentos de fertilizantes orgânicos, inorgânicos e biofertilizantes produziu um efeito significativo no número de ramos por planta na altura da colheita do quiabeiro (Quadro 4.3). Significativamente, o número máximo de ramos por planta no momento da colheita (3,07) foi observado no tratamento T_6 [50 % RDF + Vermicomposto (5 t/ha)], enquanto o número mínimo de ramos por planta no momento da colheita (1,67) foi observado no tratamento T_2 [FYM (20 t/ha)]. Isto pode ser devido ao facto de o N estar prontamente disponível e ativar vigorosamente o desenvolvimento vegetativo das plantas. Além disso, a aplicação de NPK mostrou um efeito sinérgico até 100 por cento de RDF, extraindo a síntese de clorofila e aminoácidos que estão associados aos principais processos da planta. O efeito benéfico da aplicação de adubos orgânicos juntamente com fertilizantes inorgânicos e biológicos aumenta o crescimento vegetativo. Resultados semelhantes foram encontrados por Sharma *et al.* (2014), Singh e Ram (2018) e Kumar *et al.*

(2017) no quiabo.

5.1.4   Dias até à primeira floração

Os dados revelaram que a adoção de diferentes tratamentos de fertilizantes orgânicos, inorgânicos e biofertilizantes produziu um efeito significativo nos dias até à primeira floração do quiabeiro (Quadro 4.4). Significativamente, o mínimo de dias para a primeira floração (39,13) foi observado no tratamento T_6 [50 % RDF + Vermicomposto (5 t/ha)], enquanto o máximo de dias para a primeira floração (45,60) foi observado no tratamento T_2 [FYM (20 t/ha)]. Isso pode ser devido ao nitrogênio e outros insumos, como vermicomposto e fertilizantes químicos, que incentivaram a diferenciação do botão, resultando em uma floração mais precoce. Foi necessário um número máximo de dias para a floração quando não foi aplicada uma dose mínima de fertilizante; provavelmente devido ao stress de nutrientes que resultou numa floração tardia. A precocidade nos dias de floração do quiabeiro foi observada com a aplicação integrada de nutrientes (fertilizantes químicos, adubo orgânico). Resultados semelhantes foram encontrados por Prabhu *et al.* (2002) e Dwivedi *et al.* (2018) no quiabeiro.

5.2   Parâmetros de rendimento

5.2.1   Número de frutos por planta

Os dados mostram que a adoção de diferentes tratamentos de fertilizantes orgânicos, inorgânicos e biofertilizantes produziu um efeito significativo no número de frutos por planta de quiabo (Tabela 4.5). O número máximo de frutos por planta (15,07) foi observado no tratamento T_6 [50 % RDF + Vermicomposto (5 t/ha)], que foi estatisticamente igual ao tratamento T_1 [Dose recomendada de fertilizante N:P:K (100:50:50 kg/ha) (13.13), T_8 [75 % FTR + FYM (20 t/ha)] (13.00), T_9 [75 % FTR + Vermicomposto (5 t/ha)] (13.07) e T_{10} [75 % FTR + Biofertilizantes (*Azotobactor* + PSB + KSB) (cada 2 litros/ha)] (13,71). enquanto o número mínimo de frutos por planta (10,06) foi observado no tratamento T_2 [FYM (20 t/ha)]. O aumento do número de frutos por planta pode dever-se a uma melhor disponibilidade e absorção de nutrientes pelas plantas. O uso integrado de 50 % de FTR através de fertilizante químico + 50 % de N através de vermicomposto melhorou as propriedades físicas do solo e, assim, melhorou a capacidade de retenção de água e nutrientes do solo, bem como as condições de fertilidade do solo. Resultados semelhantes foram encontrados por Subba Rao e Shankar (2001). A disponibilidade de nutrientes ajuda a planta a produzir um maior número de flores e reduz as hipóteses de queda das flores, resultando num maior número de frutos por planta. Os resultados actuais coincidem com os resultados de Bairwa *et al.* (2009) no quiabeiro.

5.2.2 Peso do fruto (g)

Os dados mostram que a adoção de diferentes tratamentos de fertilizantes orgânicos, inorgânicos e biofertilizantes produziu um efeito significativo no peso do fruto (g) do quiabeiro (Quadro 4.6). O peso máximo do fruto (21,53 g) foi observado no tratamento T_6 [50 % FTR + Vermicomposto (5 t/ha)] que foi estatisticamente igual ao tratamento T_{10} [75 % FTR + Biofertilizantes (*Azotobactor* + PSB + KSB) (cada 2 litros/ha)] (20,36 g) enquanto o peso mínimo do fruto (15,51 g) foi observado no tratamento T_2 [FYM (20 t/ha)]. Isto pode dever-se ao facto de a aplicação combinada de fertilizantes orgânicos e inorgânicos aumentar a disponibilidade e a absorção de mais nutrientes pelas plantas, resultando num crescimento vegetativo luxuriante. O aumento da área fotossintética e a translocação de fotossintéticos nas plantas aceleraram subsequentemente a formulação de um maior número de frutos de tamanho grande com um maior número de sementes por fruto, resultando num aumento do peso do fruto. Resultados semelhantes foram encontrados por Bairwa *et al.* (2009), Wagh *et al.* (2014) e Kumar *et al.* (2017) em quiabo.

5.2.3 Comprimento do fruto (cm)

Os dados observaram que a adoção de diferentes tratamentos de fertilizantes orgânicos, inorgânicos e biofertilizantes produziu um efeito significativo no comprimento do fruto (cm) do quiabeiro (Quadro 4.7). O comprimento máximo dos frutos (19,27 cm) foi observado no tratamento T_6 [50 % FTR + Vermicomposto (5 t/ha)], que foi estatisticamente igual ao tratamento T_{10} [75 % FTR + Biofertilizantes (*Azotobactor* + PSB + KSB) (cada 2 litros/ha)] (18,32 cm), enquanto o comprimento mínimo dos frutos (13,92 cm) foi observado no tratamento T_2 [FYM (20 t/ha)]. Isto pode ser atribuído ao aumento da disponibilidade de NPK e água nas fases críticas do crescimento da cultura, resultando num estabelecimento precoce, crescimento vigoroso e desenvolvimento das plantas, o que conduz a frutos mais compridos e largos. Naidu *et al.* (2000), Kumar *et al.* (2017), Bairwa *et al.* (2009) e Ravi *et al.* (2006) observaram um valor mais elevado na circunferência dos frutos do quiabeiro devido à aplicação integrada de fertilizantes.

5.2.4 Diâmetro do fruto (mm)

Os dados mostraram que a adoção de diferentes tratamentos de fertilizantes orgânicos, inorgânicos e biofertilizantes produziu um efeito significativo no diâmetro do fruto (mm) do quiabeiro (Tabela 4.8). O diâmetro máximo dos frutos (17,06 mm) foi observado no tratamento T_6 [50 % RDF + Vermicomposto (5 t/ha)], que foi estatisticamente igual ao tratamento T_7 [50 % RDF + Biofertilizantes (*Azotobactor* + PSB + KSB) (cada 2 litros/ha)] (15.81 mm), o tratamento T_8 [75 % FTR + FYM (20 t/ha)] (15,91 mm), T_9 [75 % FTR + Vermicomposto (5 t/ha)] (15,76 mm) e T_{10} [75 % FTR + Biofertilizantes (*Azotobactor*

+ PSB + KSB) (cada 2 litros/ha)] (16,49 mm) enquanto que o diâmetro mínimo dos frutos (13,53 mm) foi registado no tratamento T_2 [FYM (20 t/ha)]. Isso pode ser atribuído a o s efeitos sinérgicos dos adubos orgânicos que disponibilizam mais nutrientes para as plantas, melhorando as condições físicas do solo e solubilizando os nutrientes no solo. O aumento do crescimento vegetativo, a relação C/N equilibrada e o aumento da síntese de hidratos de carbono contribuem para aumentar o tamanho dos frutos. Resultados semelhantes foram encontrados por Singh e Ram (2018) e Kumar *et al.* (2017) no quiabo.

5.2.5   Dias até à primeira colheita

Os dados mostram que a adoção de diferentes tratamentos de fertilizantes orgânicos, inorgânicos e biofertilizantes produziu um efeito significativo nos dias até à primeira colheita (mm) do quiabo (Tabela 4.9). O mínimo de dias para a primeira colheita (46,33) foi observado no tratamento T_6 [50 % RDF + Vermicomposto (5 t/ha)], enquanto o máximo de dias para a primeira colheita (61,33) foi observado no tratamento T_2 [FYM (20 t/ha)]. Isto pode dever-se ao azoto e a outros factores de produção, como o vermicomposto e os fertilizantes químicos, que incentivaram a diferenciação dos botões, resultando numa floração mais precoce e, em última análise, numa primeira colheita mais cedo. Resultados semelhantes foram encontrados por Prabhu *et al.* (2002) e Dwivedi *et al.* (2018) no quiabo.

5.2.6   Rendimento de frutos (kg/parcela) e rendimento de frutos (kg/ha)

Os dados mostraram que a adoção de diferentes tratamentos de fertilizantes orgânicos, inorgânicos e biofertilizantes produziu um efeito significativo na produção de frutos de quiabo (Tabela 4.10 a 4.11). A produção máxima de frutos (12,97 kg/parcela e 18022,77 kg/ha) foi observada no tratamento T_6 [50 % RDF + Vermicomposto (5 t/ha)], enquanto a produção mínima de frutos (6,24 kg/parcela e 8663,64 kg/ha) foi observada no tratamento T_2 [FYM (20 t/ha)]. Isso pode ser devido ao Vermicomposto e a um fertilizante químico que melhora a partição de foto assimilados da fonte para o sumidouro (folha para o fruto) e assim aumenta o peso do fruto. Resultados semelhantes foram encontrados por Wagh *et al.* (2014), Kumar *et al.* (2017), Yadav *et al.* (2016) e Yadav e Yadav (2010) no quiabo.

5.3   Parâmetros de qualidade

5.3.1   TSS (^{0} Brix)

Os dados mostram que a adoção de diferentes tratamentos de fertilizantes orgânicos, inorgânicos e biofertilizantes produziu um efeito significativo no TSS (^{0} Brix) do quiabo (Tabela 4.12). O TSS máximo (6.70^0 Brix) foi observado no tratamento T_6 [50 % RDF + Vermicomposto (5 t/ha)] que foi estatisticamente igual ao tratamento T_{10} [75 % RDF + Biofertilizantes (*Azotobactor* + PSB + KSB) (cada 2 litros/ha)] (6.30^0 Brix) onde o mínimo T.S.S (5,61^0 Brix) foi observado no tratamento T_2 [FYM (20 t/ha)]. Isto pode ser devido ao facto d e o potássio do fertilizante NPK desempenhar um papel no aumento da percentagem de^0 Brix, aumentando a acumulação de fotossintéticos na vagem do quiabo. Quantidade semelhante de conteúdo de TSS que relatou que diferentes doses de fertilizante orgânico aumentaram o conteúdo de TSS da vagem de quiabo. A gestão dos nutrientes, a aplicação de reguladores de crescimento das plantas e o stress floémico aumentam o teor de SST dos frutos. Resultados semelhantes foram encontrados por Khandaker *et al.* (2017) e Yadav *et al.* (2016) no quiabo.

5.3.2 Fibra bruta (%)

Os dados revelaram que a adoção de diferentes tratamentos de fertilizantes orgânicos, inorgânicos e biofertilizantes produziu um efeito significativo na fibra bruta (%) do quiabo (Tabela 4.13). A fibra bruta mínima (31,33 %) foi observada no tratamento T_6 [50 % RDF + Vermicomposto (5 t/ha)], que foi estatisticamente igual ao tratamento T_4 [Biofertilizantes (*Azotobactor* + PSB + KSB) (cada 2 litros/ha)] (33,40 %), enquanto a fibra bruta máxima (37,52 %) foi observada no tratamento T_2 [FYM (20 t/ha)]. Isto pode dever-se à fácil disponibilidade de azoto que leva a um equilíbrio da relação C:N, aumentando o crescimento vegetativo e resultando numa elevada atividade fotossintética. A adição de adubo orgânico e consórcio tendeu a produzir frutos tenros com menor teor de fibra devido à ação dos ácidos orgânicos segregados pelos micróbios. Resultados semelhantes foram encontrados por Kumar *et al.* (2017) no quiabo. Nas parcelas tratadas com vermicomposto, o aumento da absorção devido à melhoria da saúde das plantas e ao sistema radicular saudável resultou numa melhor absorção de azoto, o que pode ter aumentado a suculência e, consequentemente, diminuído o teor de fibra bruta. Resultados semelhantes foram encontrados por Raj e Kumari (2001) e Wagh *et al.* (2014).

5.3.3 Hidratos de carbono (g/100g)

Os dados observaram que a adoção de diferentes tratamentos de fertilizantes orgânicos, inorgânicos e biofertilizantes produziu um efeito significativo nos hidratos de carbono (g/100g) do quiabeiro (Quadro 4.14). O máximo de carboidratos (6,79 g/100g) foi observado no tratamento T_6 [50 % RDF + Vermicomposto (5 t/ha)], que foi estatisticamente igual ao tratamento T_{10} [75 % RDF + Biofertilizantes (*Azotobactor* + PSB + KSB) (cada 2 litros/ha)] (6,49 g/100g), enquanto o mínimo de carboidratos (5,23 g/100g) foi observado no tratamento T_2 [FYM (20 t/ha)]. Isto pode dever-se ao facto de que quando uma planta é exposta a mais azoto, aumenta a produção de proteínas e reduz a concentração de hidratos de carbono. Resultados semelhantes foram encontrados por Kumar *et al.* (2017) no quiabo.

5.4 Análise do solo

5.4.1 N disponível no solo (kg/ha)

Os dados mostram que a adoção de diferentes tratamentos de fertilizantes orgânicos, inorgânicos e biofertilizantes produziu um efeito significativo no N disponível no solo (kg/ha) do quiabeiro (Quadro 4.15). O máximo de azoto disponível no solo (356 kg/ha) foi observado em T_9 [75 % FTR + Vermicomposto (5 t/ha) que foi estatisticamente igual ao tratamento T_{10} [75 % FTR + Biofertilizantes (*Azotobactor* + PSB + KSB) (cada 2 litros/ha)] (318 kg/ha), T_8 tratamento [75% FTR + FYM (20 t/ha)] (341 kg/ha), T_6 tratamento [50% FTR + Vermicomposto (5 t/ha)] (332 kg/ha) e T_5 [50% FTR + FYM (20 t/ha)] (319 kg/ha). Enquanto que o azoto disponível no solo mínimo (262 kg/ha) foi observado no tratamento T_4 [Biofertilizantes (*Azotobactor* + PSB + KSB) (cada 2 litros/ha)]. Isto pode ser devido ao aumento do azoto disponível com o vermicomposto, que é atribuído à sua adição direta, uma vez que continha 1,46% de azoto. As condições favoráveis do solo podem ter ajudado a uma maior multiplicação de micróbios que poderiam converter o azoto ligado organicamente em forma inorgânica, levando à acumulação de maior azoto disponível. Estes resultados estão em conformidade com as conclusões de Bhardwaj *et al.* (2010) e podem ser devidos ao efeito sinérgico das bactérias fixadoras de azoto que resultou numa maior acumulação de azoto no solo, a mineralização da matéria orgânica nativa aumentou o azoto. Além disso, a presença de vermicomposto pode ter resultado na libertação de mais substâncias azotadas no solo e pode ter aumentado a eficiência do solo para reter os nutrientes. Resultados semelhantes foram encontrados por Chetri *et al.* (2012).

5.4.2 P disponível no solo (kg/ha)

Os dados revelaram que a adoção de diferentes tratamentos de fertilizantes orgânicos, inorgânicos e biofertilizantes produziu um efeito significativo no P disponível no solo (kg/ha) do quiabeiro (Quadro 4.16). O máximo de fósforo disponível no solo (45,20 kg/ha) foi observado em T_9 [75 % RDF

+ Vermicomposto (5 t/ha)], que foi estatisticamente igual ao tratamento T_{10} [75% RDF + Biofertilizantes (*Azotobactor* + PSB + KSB) (cada 2 litros/ha)] (44,58 kg/ha) e T_8 tratamento

[75% RDF + FYM (20 t/ha)] (40.99 kg/ha) Considerando que o mínimo de fósforo disponível no solo (32,47 kg/ha) foi observado no tratamento T_4 [Biofertilizantes (*Azotobactor* + PSB + KSB) (cada 2 litros/ha)]. Isso pode ser devido ao acúmulo de fósforo disponível com a aplicação de fertilizantes NPK em conjunto com vermicomposto pode ser devido à liberação de ácidos orgânicos durante a decomposição que, por sua vez, ajudou na liberação de fósforo através da ação solubilizadora de fósforo nativo no solo. A matéria orgânica também forma uma cobertura sobre os sesquióxidos e torna-os inactivos, reduzindo assim a capacidade de fixação de fosfato do solo, o que, em última análise, ajuda a libertar uma grande quantidade de fósforo, tal como referido por Bhardwaj *et al.* (2010) e o aumento do teor de P pode dever-se ao efeito quelante dos materiais orgânicos, que resultou na redução da fixação de fósforo, no aumento da solubilização de fracções insolúveis de P e na libertação de fósforo disponível. Resultados semelhantes foram encontrados por Chetri *et al.* (2012).

5.4.3 K disponível no solo (kg/ha)

Os dados mostram que a adoção de diferentes tratamentos de fertilizantes orgânicos, inorgânicos e biofertilizantes produziu um efeito significativo no P disponível no solo (kg/ha) do quiabeiro (Tabela 4.17). O máximo de potássio disponível no solo (399 kg/ha) foi observado em T_9 [75 % FTR + Vermicomposto (5 t/ha)], que foi estatisticamente igual ao tratamento T_8 [75 % FTR + FYM (20 t/ha)] (362 kg/ha) e T_6 tratamento [50% FTR + Vermicomposto (5 t/ha)] (360 kg/ha). Enquanto que o potássio disponível no solo mínimo (320 kg/ha) foi observado no tratamento T_4 [Biofertilizantes (*Azotobactor* + PSB + KSB) (cada 2 litros/ha)]. O aumento do potássio disponível devido à adição de vermicomposto pode ser atribuído à redução da fixação de potássio e à libertação de potássio devido à interação da matéria orgânica com a argila, para além da adição direta de potássio ao conjunto do solo. Esse aumento no conteúdo de potássio disponível com o uso de orgânicos com fertilizantes químicos também foi relatado por Bhardwaj *et al.* (2010) e isso pode ser devido ao fato de que a aplicação de adubos orgânicos em grande quantidade e, posteriormente, sua mineralização lenta resultou no acúmulo gradual de K. disponível Chetri *et al.* (2012).

5.5 Economia

O efeito da planta de quiabo influenciada por fertilizantes orgânicos, inorgânicos e biofertilizantes por hectare numa estação é apresentado no quadro 4.18.

O tratamento T_4 [Biofertilizantes (*Azotobactor* + PSB + KSB) (cada 2 litros/ha)] incorreu no menor custo total de cultivo (63102.68 Rs. por ha) enquanto o tratamento T_9 [75% RDF + Vermicomposto (5 t/ha)] incorreu no custo total máximo de cultivo (91260.18 Rs. por ha). O maior retorno bruto (180227.7 Rs. por ha) foi registado em T_6 [50% RDF + Vermicomposto (5 t/ha)] assim como o máximo retorno líquido (90260.02 Rs. por ha).

O rácio benefício-custo mais elevado (2,32) foi obtido no tratamento T_{10} [75% FTR + Biofertilizantes (*Azotobacter1* + *PSB* + *KSB*) (cada 2 litros/ha). Enquanto que o rácio benefício-custo mais baixo (1,19) foi registado no tratamento (T_2) [FYM (20 t/ha).

CAPÍTULO VI
RESUMO E CONCLUSÃO

O presente estudo, intitulado **"Efeito de fertilizantes orgânicos, inorgânicos e biofertilizantes no crescimento, rendimento e qualidade do quiabo (*Abelmoschus esculentus* L. Moench)"**, foi efectuado na quinta pedagógica, no Instituto Politécnico de Horticultura, JAU, Junagadh. Junagadh pertence à zona agro-climática de South Saurashtra, Gujarat. A Universidade Agrícola de Junagadh, Junagadh, durante o ano de 2020, conduziu a algumas revelações importantes que são discutidas neste capítulo.

O experimento foi realizado em blocos casualizados com três repetições e dez combinações de tratamentos. Os tratamentos consistem em dez tratamentos (T_1 - Dose recomendada de fertilizante N:P:K (100:50:50 kg/ha), T_2 - FYM (20 t/ha), T_3 - Vermicomposto (5 t/ha), T_4 - Biofertilizantes (*Azotobactor* + PSB + KSB) (cada 2 litros/ha), T_5 - 50 % FTR + FYM (20 t/ha), T_6 - 50 % FTR + Vermicomposto (5 t/ha), T_7 - 50 % FTR + Biofertilizantes (*Azotobactor* + PSB + KSB) (cada 2 litros/ha), T_8 - 75 % RDF + FYM (20 t/ha), T_9 - 75 % RDF + Vermicomposto (5 t/ha), T_{10} - 75 % RDF + Biofertilizantes (*Azotobactor* + PSB + KSB) (cada 2 litros/ha). Os resultados discutidos no capítulo anterior são resumidos da seguinte forma.

6.1 EFEITO DE VÁRIOS ORGÂNICOS, INORGÂNICOS E BIOFERTILIZANTES NOS PARÂMETROS DE CRESCIMENTO

Entre os diferentes tratamentos, a germinação máxima (97,33 %) foi observada no tratamento T_6 [50 % RDF + Vermicomposto (5 t/ha)]. Enquanto a germinação mínima (86,67%) foi observada no tratamento T_2 [FYM (20 t/ha)].

A altura máxima da planta (197,67 cm) foi observada no tratamento T_6 [50 % RDF + Vermicomposto (5 t/ha)]. Enquanto a altura mínima da planta (141,00 cm) foi observada no tratamento T_2 [FYM (20 t/ha)].

O número máximo de ramos por planta na altura da colheita (3,07) foi registado no tratamento T_6 [50 % RDF + Vermicomposto (5 t/ha)]. Enquanto o número mínimo de ramos por planta no momento da colheita (1,67) foi observado no tratamento T_2 [FYM (20 t/ha)].

O mínimo de dias para a primeira floração (39.13) foi observado no tratamento T_6 [50 % RDF + Vermicomposto (5 t/ha)]. Enquanto o máximo de dias para a primeira floração (45,60) foi observado no tratamento T_2 [FYM (20 t/ha)].

6.2 EFEITO DE VÁRIOS TRATAMENTOS ORGÂNICOS, INORGÂNICOS E BIOFERTILIZANTES NOS PARÂMETROS DE RENDIMENTO

Entre os diferentes tratamentos, o número máximo de frutos por planta (15,07) foi observado no tratamento T_6 [50 % RDF + Vermicomposto (5 t/ha)].)]. Enquanto o número mínimo de frutos por planta (10,06) foi observado no tratamento T_2 [FYM (20 t/ha)].

O peso máximo dos frutos (21,53 g) foi registado no tratamento T_6 [50 % RDF + Vermicomposto (5 t/ha)]. Enquanto o peso mínimo dos frutos (15,51 g) foi observado no tratamento T_2 [FYM (20 t/ha)].

O comprimento máximo dos frutos (19,27 cm) foi observado no tratamento T_6 [50 % RDF + Vermicomposto (5 t/ha)]. Enquanto o comprimento mínimo dos frutos (13,92 cm) foi observado no tratamento T_2 [FYM (20 t/ha)].

O diâmetro máximo do fruto (17,06 mm) foi observado no tratamento T_6 [50 % RDF + Vermicomposto (5 t/ha)]. Enquanto o diâmetro mínimo dos frutos (13,53 mm) foi observado no tratamento T_2 [FYM (20 t/ha)].

O mínimo de dias para a primeira colheita (46,33) foi observado no tratamento T_6 [50 % RDF + Vermicomposto (5 t/ha)]. Enquanto o máximo de dias para a primeira colheita (61,33) foi observado no tratamento T_2 [FYM (20 t/ha)].

A produção máxima de frutos (12,97 kg/parcela) foi registada no tratamento T_6 [50 % RDF + Vermicomposto (5 t/ha)]. Enquanto a produção mínima de frutos (6,24 kg/parcela) foi registada no tratamento T_2 [FYM (20 t/ha)].

A produção máxima de frutos (18022.77 kg/hectare) foi observada no tratamento T_6 [50 % RDF + Vermicomposto (5 t/ha)]. Enquanto a produção mínima de frutos (8663,64 kg/hectare) foi observada no tratamento T_2 [FYM (20 t/ha)].

6.3 EFEITO DE VÁRIOS TRATAMENTOS ORGÂNICOS, INORGÂNICOS E BIOFERTILIZANTES NOS PARÂMETROS DE QUALIDADE

Entre os diferentes tratamentos, o máximo de TSS ($6,70^0$ Brix) foi observado no tratamento T_6 [50 % RDF + Vermicomposto (5 t/ha)]. Enquanto o TSS mínimo ($5,61^0$ Brix) foi observado no tratamento T_2 [FYM (20 t/ha)].

O mínimo de fibra bruta (31,33 %) foi observado no tratamento T_6 [50 % RDF + Vermicomposto (5 t/ha)]. Enquanto a fibra bruta máxima (37,52%) foi observada no tratamento T_2 [FYM (20 t/ha)].

O máximo de hidratos de carbono (6,79 g/100g) foi registado no tratamento T_6 [50 % RDF + Vermicomposto (5 t/ha)]. Enquanto o carboidrato mínimo (5,23 g/100g) foi observado no tratamento T_2 [FYM (20 t/ha)].

6.4 EFEITO DE VÁRIOS ORGÂNICOS, INORGÂNICOS E BIOFERTILIZANTES NOS PARÂMETROS DE ANÁLISE DO SOLO

Entre os diferentes tratamentos, o máximo de azoto disponível no solo (356 kg/ha) foi observado em T_9 [75 % RDF + Vermicomposto (5 t/ha)]. Enquanto o azoto disponível no solo mínimo (262 kg/ha) foi observado no tratamento T_4 [Biofertilizantes (*Azotobactor* + PSB + KSB) (cada 2 litros/ha)].

O máximo de fósforo disponível no solo (45,20 kg/ha) foi registado em T_9 [75 % FTR + Vermicomposto (5 t/ha)]. Enquanto o mínimo de fósforo disponível no solo (32,47 kg/ha) foi observado no tratamento T_4 [Biofertilizantes (*Azotobactor* + PSB + KSB) (cada 2 litros/ha)].

O máximo de potássio disponível no solo (399 kg/ha) foi registado em T_9 [75 % RDF + Vermicomposto (5 t/ha)]. Enquanto o mínimo de potássio disponível no solo (320 kg/ha) foi registado no tratamento T_4 [Biofertilizantes (*Azotobactor* + PSB + KSB) (cada 2 litros/ha)].

CONCLUSÃO

Com base nos resultados da presente experiência, pode concluir-se que o quiabeiro var. GO-6 respondeu bem em termos de crescimento, rendimento e qualidade com a aplicação de 50 % de FTR + vermicomposto (5 t/ha) para obter o maior rendimento por parcela e por hectare. Concluiu-se que o quiabeiro var. GO - 6 teve um bom desempenho em termos de germinação (%), altura da planta (cm), número de ramos por planta na altura da colheita, dias até à primeira floração, número de frutos por planta, peso do fruto (g), comprimento do fruto (cm), dias até à primeira colheita, sólidos solúveis totais (SST), fibra bruta (%) e hidratos de carbono (g/100g) com a aplicação de 50 % RDF + Vermicomposto (5 t/ha) e o maior retorno bruto (Rs. 180227.7) foi registado na aplicação de 50% RDF + Vermicomposto (5 t/ha), bem como o máximo retorno líquido (Rs. 90260.02). Também se pode concluir que o solo respondeu bem ao azoto disponível, ao fósforo e ao potássio com a aplicação de [75% FTR + Vermicomposto (5 t/ha)].

BIBLIOGRAFIA

Abdullah, A.; Ansari, A. e Kumar, S. (2010). Efeito do vermiwash e do vermicomposto nos parâmetros do solo e na produtividade do quiabo (*Abelmoschus esculentus* L. Moench) na Guiana. *African J. Agric. Res.,* **5**(14): 1794-1798.

Adilakshmi, A.; Korat, D. M. e Vaishnau, P. R. (2007). Efeito de fertilizantes orgânicos e inorgânicos em pragas de insectos que infestam o quiabo. *Karnataka J. Agric. Sci.,* **21**(2): 287-289.

Agrawal, A. K. (2003). Papel dos enriquecimentos orgânicos na gestão da salinidade do solo. *Agrobios,* **2**: 21-23.

Akande, M. O.; Oluwatoyinbo, F. I.; Makinde, E. A.; Adeprija, A. S. e Adepoju, S. (2010). Resposta do quiabo à fertilização orgânica e inorgânica. *Nat. Sci.,* **8**(11): 261-266.

Akhila, N.; Kumari, A.; Nayak, H. e Vijaya, D. (2019). Impacto de adubos orgânicos e biofertilizantes no NPK disponível no solo e na composição de nutrientes do quiabo Fruit. *Revista Internacional de Microbiologia Atual e Ciências Aplicadas,* **8**(5): 622-631.

Anónimo, (2019). Horticulture Statistics at a Glance 2019, Divisão de Estatísticas de Horticultura, Ministério da Agricultura e Bem-Estar dos Agricultores, Governo da Índia, pp. 150- 251.

Anónimo, (2019). Base de dados da horticultura indiana, NHB, Gurgaon, 2018-19. Disponível em < http:// *www.nhb.gov.in*> (Acedido em 31 de julho de 2020).

Ansari, A. A. e Sukhraj, K. (2010). Efeito do vermiwash e do vermicomposto nos parâmetros do solo e na produtividade do quiabo (*Abelmoschus esculentus* L.) na Guiana. African J. Agric. Res., **5**(14): 1794-1798.

Bahadur, A. e Manohar, R. K. (2001). Resposta do quiabo a biofertilizantes. *Veg. Sci,* **28**(2): 197-198.

Bairwa, H. L.; Shukla, A. K.; Mahawer, L. N.; Kaushik, R. A.; Shukla, K. B. e Ameta, K. D. (2009). Resposta da gestão integrada de nutrientes no rendimento, qualidade e características físico-químicas do quiabo *cv.* Arka Anamika. *Indian Journal of Horticulture,* **66**: 310-314.

Baliah, N. T.; Priyatharsini, S. L. e Priya, C. (2015). Efeito de fertilizantes orgânicos no crescimento e nas características bioquímicas do quiabo (*Abelmoschus esculentus* L. Moench). *International Journal of Science,* **6**: 2319-7064.

Bandopadhyay, S.; Chakraborty, T. e Podar, P. (2001). Efeito da cobertura morta de polietileno e orgânica sob diferentes níveis de práticas de adubação do crescimento e rendimento do quiabo (*Abelmoschus esculentus* L.). *Ambiente e Ecologia,* **19**: 261- 264.

Barani, P. e Anburani, A. (2004). Influência da vermicompostagem nos principais nutrientes do bhendi (*Abelmoschus esculentus* L.) var. Arka Anamika. *South Indian Horticulture,* **52**(1-6): 351-354.

Basak, B. B.; Biswas, D. R. e Pal, S. (2013). Propriedades bioquímicas do solo e qualidade dos grãos afetadas por adubos orgânicos e fertilizantes minerais no solo sob rotação milho-trigo. *Agrochimica,* **57**: 49-66.

Bhardwaj, S. K.; Kaushal, R. e Sharma, Y. (2010). Effect of conjoint use of enriched compost and chemical fertilizers on the yield and nutrient uptake in pea (*Pisum sativum* L.) under mid-hill conditions. *Himachal Journal of Agricultural Research,* **36**(1): 101-104.

Black, C. A. (1965). "*Methods of Soil Analysis*", Parte 1, The American Society of Agronomy, Inc., Madison, Wisconsin, U. S. A., pp. 374-377.

Brady, N. C. e Weli, R. (1999). A natureza e as propriedades do solo. 12th Edition. Mac. Pub. Com. Nova Iorque, 625-640.

Chauhan, D. S. e Gupta, M. L. (1972). Effect of nitrogen, phosphorus and potash on growth and development of okra. *Indian Journal of Horticulture,* **30**(1-4): 401-406.

Chauhan, D. V. S. (1972). Vegetable Production in India, 3rd Ed., Ram Prasad and Sons, Agra.

Chetri, D. A.; Singh, A. K. e Singh , V. B. (2012). Efeito da gestão integrada de nutrientes no rendimento, qualidade e absorção de nutrientes pelo capsicum (*Capsicum annum*) cv. California wonder. *Soils and Crops*, **21**: 44-48.

Chumyani; Kanaujia, S. P.; Singh, V. B. e Singh, A. K. (2012). Efeito da gestão integrada de nutrientes no crescimento, rendimento e qualidade do tomate (*Lycopersicon esculentum* Mill.) *Journal of Soills and Crops*, **21**: 65-71.

Defoer, T.; Budelan, A. C. e Carter, S. E. (2003). Managing soil fertility in the tropics. FAO Press kit Amsterdam, pp. 47-63.

Dhawale, A. B.; Warade, S. D. e Bhangre, K. K. (2011). Gestão integrada de nutrientes em bhindi. *Asian J. Horti.,* **6**(1): 145-147.

Dinesh, R.; Dubey, R. P. e Prasad, G. S. (1998). Biomassa microbiana do solo e actividades enzimáticas influenciadas pela incorporação de estrume orgânico nos solos de um sistema arroz-arroz. *Journal of Agronomy & Crops*, **181**: 173-178.

Dwivedi, M.; Patel, S.; Dubey, A.; Mishra, P. e Sengupta, S. K. (2018). Resposta de vermiwash, vermicomposto e NPK no crescimento e rendimento do quiabo (*Abelmoschus esculentus* L.) cv. VRO 6. *Revista Internacional de Estudos Químicos*, **6**(3): 3001-3007.

Erisman, J. W.; Sutton, M. A.; Galloway J.; Klimont Z.; e Winiwarter, W. (2008). Como um século de síntese de amoníaco mudou o mundo. *Nat. Geosci.*, **1**: 636- 639.

Organização das Nações Unidas para a Alimentação e a Agricultura (2006). A economia mundial do sorgo e do milheto: factos, tendências e perspectivas. Repositório de documentos da FAO W 1808/E. Friend *et al.* Robert, S. D.; Schoenholt, S. H.; Mobley, J. A. e Gerard, P. O.

Garhwal, O. P.; Fageria, M. S. e Mukharjee, S. (2007). Gestão integrada do azoto em híbridos de quiabo [*Abelmoschus esculentus* (L.) Moench]. *Haryana*
J. Horti. Sci., **36**(2): 129-130.

Gemede, (2015). Atributo de crescimento e rendimento do quiabo (*Abelmoschus esculentus* L.) sob a aplicação de fertilizantes biológicos e químicos isoladamente ou em combinação. *Jornal Internacional de Ciência e Pesquisa Agrícola* (IJASR), **6**(1): 189-198.

Gopalan, C.; Rama Sastri, B. V.; e Balasubramanian, S. (2007). Nutritive Value of Indian Foods, publicado pelo Instituto Nacional de Nutrição (NIN), ICMR.

Goutami, N.; Rani, P. P.; Pathy, R. L. e Babu, P. R. (2015). Propriedades do solo e atividade biológica influenciadas pelo manejo de nutrientes no sorgo em pousio de arroz. *Jornal Internacional de Pesquisa Agrícola, Inovação e Tecnologia*, **5**: 10-14.

Hisham, A. A.; Prasad, V. M. e Saravanan, S. (2014). Efeito do FYM no crescimento, rendimento e qualidade dos frutos do quiabo (*Abelmoschus esculentus* L. Moench). *Jornal de Agricultura e Ciência Veterinária,* **7**(3): 7-12.

Jackson, M. L. (1974). Soil chemical analysis. Prentice Hall of India Pvt. Ltd., Nova Deli, pp. 327-350.

Jat, M. K.; Tikkoo, A.; Yadav, P. K.; Yadav, S. S. e Yadav, P. V. (2017). Efeito da gestão integrada de nutrientes no rendimento, fertilidade do solo e economia no sistema de cultivo *Abelmoschus esculentus - Allium cepa* na zona semi-árida de Haryana. *Journal of Pharmacognosy and Phytochemistry*, **6**(4): 1142-1145.

Kabura, B. H.; Kawari, J. D. e Mainu, I. (2001). Response of okra varieties to farmyard manure in semi-arid zones of northeastern Nigeria. *Journal of Sustainable Agriculture and Enviroment*, **3**(1): 63-69.

Kadlag, A. D.; Kolekar, R. G.; Kasture, M. C. e Sawale, D. D. (2005). Effect of integrated plant nutrient supply on yield, quality and nutrient uptake of okra. *Annals of Plant Physiology,* **19**(2): 191-195.

Khalafallh, M. A.; Saber, M. S. e Maksound, H. K. (1982). Influência das bactérias dissolventes de fosfato na eficiência do superfosfato em solo calcário cultivado com *Vicia faba Z. Pflangernachr, Bodenkel*, pp. 145-159.

Khandaker, M. M.; Nor, F. M.; Dalorima, T. e Mat, N. (2017). Efeito de diferentes taxas de fertilizante inorgânico na fisiologia, crescimento e rendimento do quiabo (*Abelmoschus esculentus* L.). *Australian Journal of Crop Science*, **11**(7): 880- 887.

Khetran, R.; Kasi, M.; Agha, S.; Fahmid, S. e Ali, F. (2016). Efeito de diferentes doses de fertilizantes NPK no crescimento do quiabo (*Abelmoschus esculentus* L. Moench). *Revista Internacional de Pesquisa Avançada em Ciências Biológicas,* **3**(10): 2348-6980.

Kumar, V.; Saikia, J. e Barik, N. (2017). Influência do fertilizante orgânico, inorgânico e biofertilizante no crescimento, rendimento, qualidade e economia do quiabo (*Abelmoschus esculentus* L. Moench) sob condição de Assam. *International Journal of Current Microbiology and Applied Sciences,* **6**(12): 2565-2569.

Kundu, B. S. e Gaur, A. C. (1984). Rice response to inoculation with N fixing and P solublizing microorganisms. *Plant Soil,* **79**: 227-234.

Mahapatra, P. B.; Mal, S.; Mohanty e Mishra, H. N. (2013). Parâmetros de crescimento e rendimento do quiabo (*Abelmoschus esculentus*) influenciados por Diazotrophs e fertilizantes químicos *Journal of Crop and Weed*, **9**(2): 109-111.

Makinde, E. A. e Ayoola, O. T. (2012). Crescimento comparativo e rendimento do quiabo com esterco de vaca e estrume de aves. *Jornal Americano-Eurásico de Agricultura Sustentável*, **6**: 18-23.

Manjaiah, K. M. e Singh, D. (2001). Matéria orgânica do solo e propriedades biológicas após 26 anos de cultivo de milho-trigo-vaca-feijão, afectadas pelo estrume e pela fertilização num cambissolo na região semiárida da Índia. *Agricultural Ecosystem Enviroments*, **86**: 155-162.

Meena, M. L.; Sanjay Kumar e Dixit, S. K. (2008, a). Efeito do biofertilizante e do azoto nas características morfológicas do quiabo [*Abelmoschus esculentus* (L.) Moench]. *Adv. Pl. Sci.*, **21**(2): 457-459.

Meena, M. L.; Sanjay Kumar e Dixit, S. K. (2008, b). Efeito do biofertilizante e do azoto na floração, frutificação, rendimento e características que atribuem rendimento do quiabo [*Abelmoschus esculentus* (L.) Moench]. *Ambiente e Ecologia*, **26**(2): 560- 562.

Meyer, B. S. e Anderson, D. B. (2003). Lixiviação de azoto e fósforo durante a decomposição de folhagem florestal de folha larga. *Polish J. Soil Sci.*, **36**: 21-29.

Miglani, A.; Gandhi, N.; Singh, N. e Kaur, J. (2017). Influência de diferentes adubos orgânicos no crescimento e rendimento do quiabo. *Jornal Internacional de Pesquisa Avançada em Ciência e Engenharia,* **6**(1): 2319-2354.

Minal Shinde; Salvi, V. G.; Dhane, S. S. e Sawant , P. (2010). Efeito da gestão integrada de nutrientes no rendimento e na qualidade do quiabo cultivado em solos lateríticos de Kokan. *J. Maharashtra Agric. Univ.*, **35**(3): 466-469.

Mishra, T. D.; Singh, S. K.; Chaurasia, S. N. S.; Kemariya, P. e Singh, T. B. (2009). Efeito do vermicomposto e dos biofertilizantes no quiabeiro (*Abelmoschus esculentus* L. Moench) sob doses graduais de azoto e fósforo. *New Agriculturist* Vol.20.1/2 pp. 9-13 ref.8.

Muhammad Amjad, M.; Sultan, M.; Anjum, M. A. e Chaudhry, M. A. (2002). Resposta do quiabo (*Abelmoschus esculentus* L. Moench) a várias doses de n & p e diferentes espaçamentos entre plantas. *Journal of Research (Science)*, **13**(1): 19-29.

Muhammad Yasin, M.; Ahmad, K.; Mussarat, W. e Tanveer, A. (2012). Bio-fertilizantes, substituição de fertilizantes sintéticos em cereais para alavancar a agricultura. *Crop & Environment*, **3**(1-2): 62-66.

Naidu, A. K.; Kushwah, S. S. e Dwivedi, V. C. (1999). Desempenho de adubos orgânicos, fertilizantes biológicos e químicos e sua combinação na população microbiana do solo e no rendimento do crescimento do quiabo. *JNKVV Research Journal,* **33**(1 & 2): 34-38.

Naidu, A. K.; Kushwah, S. S. e Dwivedi, Y. C. (2000). Desempenho de adubo orgânico, fertilizantes biológicos e químicos e suas combinações na população microbiana do solo e no crescimento e rendimento do quiabo. *JNKVV Res. J.,* **33**(1-2): 34-38. Nuruzzaman, M.; Ashrafuzzaman, M.; Islam, M. Z. e Islam, M. R. (2003). Eficiência de campo dos biofertilizantes no crescimento do quiabo (*Abelmoschus esculentus* L. Moench). *J. Pl. Nutrition and Soil Sci.*, **166**(6): 764-770.

Olsen, S. R.; Cole, C. V.; Watanabe, F. S. e Dean, L. A. (1954). Estimation of available phosphorus in soils by extraction with NaHCO$_3$. *Departamento de Agricultura dos EUA*, **939**: 19.

Panda, N.; Tripathy, L. e Dhal, A. (2008). Gestão de nutrientes em quiabo (*Abelmoschus esculentus* L. Moench) sob solo aluvial costeiro de Jagatsinghpur, *Orissa J. Horti.*, **36**(1): 88-91.

Pandey, U. C.; Lal, S.; Pandita, M. L. e Gajraj, Singh. (1980). Effect nitrogen and phosphorus levels on seed production of okra (*Abelmoschus esculentus* L. Moench). *Haryana Journal of Horticultural Sciences*, **9**: 165-169.

Panse, V. G. e Sukhatme, P. V. (1985). Statistical method for agriculture workers. (*3rd revised eds.*) I.C.A.R., New Delhi.

Patel, J. R. (2005). Estudos sobre o efeito combinado de biofertilizante e fertilizante químico azotado no crescimento, rendimento e qualidade do quiabo (*Abelmoschus esculentus* L.) cv. Gujarat okra-2 em condições agro-climáticas do centro de Gujarat. Tese de Mestrado (Agri.) apresentada à Universidade Agrícola de Anand, Anand.

Paththinige, S. S.; Upashantha, P. S. G.; Ranaweera Banda, R. M. e Fonseka, R. M. (2008). Effect of plant spacing on yield and fruit characteristics of okra (*Abelmoschus esculentus* L. Moench). *Tropical Agricultural Research,* **20**: 336- 342.

Patil, M. B.; Jogland, S. D. e Jadhav, A. S. (2000). Efeito do fertilizante orgânico e biológico no rendimento e na qualidade do quiabo. *J. Maharashtra Agri. Univ.,* **25**(2): 213- 214.

Patton, W.; Sema, A. e Meiti, C. S. (2002). Efeito de diferentes níveis de azoto e fósforo no crescimento, floração e rendimento do quiabeiro *cv.* Arka Anamika. *Horticultural J.,* **15**(1): 81-88.

Phonglosa, A.; Bhattacharyya, K.; Ray, K.; Mandal, J.; Pari, A.; Banerjee, H. e Chattopadhyay, A. (2015). Gestão integrada de nutrientes para quiabo em um inceptisol do leste da Índia e modelagem de rendimento por meio de rede neural artificial.

Scientia Horticulture, **18**(7): 1-9.

Piper, C. S. (1966). Soil and plant analysis. International Science Publisher Inc., Nova Iorque.

Prabhu, T.; Narwadkar, P. R. e Sajindranath, A. K. (2002). Economia da gestão integrada de nutrientes no quiabo. *J. Maharashtra Agri. Univ.,* **27**(3): 316-318.

Prasad, P. H. e Naik, A. (2013). Efeito da variação dos níveis de NPK e biofertilizantes no crescimento e rendimento do quiabo (*Abelmoschus esculentus* L. Moench) em condições sustentáveis. *Tendências em Biociências,* **6**: 167-169.

Premsekhar, M. e Rajashree, V. (2009). Influência do adubo orgânico no crescimento, rendimento e qualidade do quiabo. *American-Eurasian Journal of Sustainable Agriculture,* **3**(1): 6-8.

Premshekhar, M. e Rajashree, V. (2003). Influência de adubos orgânicos no crescimento, rendimento e qualidade do quiabo. *American-Eurasian J. sust. Agric.,* **3**(1): 6-8.

Pushpavalli, R.; Arulthasan, T. e Kandaswamy, K. G. (2014). Absorção de nutrientes de crescimento e rendimento de quiabo (*Abelmlschus esculentus* L. Moench) como influenciado por fertilizantes K orgânicos e inorgânicos. *Academia Journal of Agricultural Research,* **2**(10): 203-206.

Rai, S.; Rani, P.; Kumar, M.; Rai, A. K. e Shah, S. K. (2014). Efeito do uso integrado de nutrientes de vermicomposto, FYM, PSB e *Azotobacter* nas propriedades físico-químicas do solo na cultura da cebola. *Enviroment and Ecology*, **3**: 1797-1803.

Raj, A. K. e Kumari, V. L. G. (2001). Effect of organic manures and *Azosprillum* inoculation on yield and quality of okra (*Abelmoschus esculentus* L. Moench). *Ciências Vegetais*, **28**(2): 179-181.

Rajput, T.B.S.; Patel, N. e Patel, N. (2002). Resposta da produção de quiabo (*Abelmoschus esculentus* L. Moench) a diferentes níveis de fertirrigação. *Ann. Agric. Res.*, **23**: 164-165.

Rathava, S. N.; Verma, P.; Pawar, Y. e Limbachiya, T. B. (2018). Influência dos níveis de fertilizantes e biofertilizantes no rendimento e economia do quiabo (*Abelmoschus esculentus* L. Moench) *cv*. GAO-5, P-ISSN: 2321-4902.

Ravi, S.; Gowda, K. K. e Manohar, R. K. (2006). Influência da gestão integrada de nutrientes nos parâmetros de crescimento vegetativo e na produção de bhendi (*Abelmoschus esculentus* L. Moench) *cv*. Arka Anamika. *South Indian Hort.*, **54**(1-6): 165-170.

Ray, R.; Patra, S. K.; Ghosh, K. K. e Sahoo, S. K. (2005). Integrated nutrient management in okra [*Abelmoschus esculentus* (L.) Moench] in a river basin. *Indian Journal of Horticulture*, **62**: 3.

Saha, S.; Prakash, V.; Kundu, S.; Kumar, N. e Mina, B. L. (2008). Atividade enzimática do solo afetada pela aplicação a longo prazo de estrume de quintal e fertilizantes minerais num sistema de soja-trigo de sequeiro no Noroeste dos Himalaias. *European Journal of Soil and Biology*, **44**: 509-515.

Sahu, A. K.; Kumar, S. e Maji, S. (2014). Efeito de biofertilizantes e fertilizantes inorgânicos no crescimento vegetativo e no rendimento do quiabo (*Abelmoschus esculentus* L. Moench). *Jornal Internacional de Ciências Agrárias,* **10**: 558-561.

Sajindranath, A. K.; Narwadkar, P. R.; Prabhu, T. e Rathod, N. G. (2002). Efeito de biofertilizantes e reguladores de crescimento na germinação do quiabo. *South Ind. Hort.,* **50**(4/6): 538-542.

Sanwal, S. K.; Laxminarayana, K.; Yadav, R. K.; Rai, N.; Yadav, D. S. e Mousumi Bhuyan. (2007). Effect of organic manures on soil fertility and growth, physiology, yield and quality of turmeric. *Indian Journal of Horticulture*, **64**(4): 444-449.

Schipper, (2000). The effect of organo-mineral and inorganic fertilizers on growth, fruit yield, quality and chemical compositions of okra, *Journal of Animal and Plant Sciences.* **9**(1): 11-35.

Selvi, D. e Perumal, R. (2000). Efeito da gestão integrada de nutrientes no rendimento e na economia do quiabo num inceptisol. *Veg. Sci.,* **27**(2): 207-208.

Sharma, A. R. e Mitra, B. N. (1989). Efeito direto e residual de materiais orgânicos e fertilizante de fósforo no sistema de cultivo de arroz. *Indian J. Agron,* **36**: 299-303.

Sharma, D. P.; Prajapati, J. L. e Tiwari, A. (2014). Efeito do NPK, vermicopost e vermiwash no crescimento e rendimento do quiabo. *Revista Internacional de Investigação Agrícola Básica e Aplicada,* **12**: 5-8.

Sharma, G. R. e Choudhary, M. R. (2011). Efeito da gestão integrada de nutrientes no crescimento e na qualidade do rendimento do quiabo (*Abelmoschus esculentus* L. Moench). *Dissertação de Mestrado (Ag.) apresentada à Swami Keshwanand Rajasthan Agricultural University,* Bikaner.

Sharma, T. R.; Pandey, A. K.; Upadhyaya, S. D. e Agrawal, S. B. (2010). Effect of vermicompost on yield and quality of kharif season okra (*Abelmoschus esculentus* L. Moench). *Vegetable Science,* **37**: 181-183.

Sidhya, P.; Pandit, M. K.; Bairagi, S. e Shyamal, M. M. (2015). Efeito da inoculação micorrízica, adubo orgânico e fertilizantes inorgânicos no crescimento e rendimento do quiabo (*Abelmoschus esculentus* L. Moench). *Journal Crop and Weed,* **11**: 10-13.

Singaravel, R.; Suhatiya, K.; Vembu, G. e Kamraj, S. (2008). Efeito da formulação líquida de Symbion - P (Phosphobacter) no crescimento e rendimento do quiabo. *An Asian Journal of Soil Science,* **3**: 261-263.

Singh, B. Singh, N. e Singh D. V. (2000). Prospeto da produção hortícola em Ladakh pp 85-98. In: Dynamics of Cold Arid Agriculture [Eds. J. P. Sharma e A. A. Mir]. Kalyani Publishers, Nova Deli (Índia).

Singh, J. K.; Bahadur, A.; Singh, N. K. e Sing, T. B. (2010). Efeito da utilização de níveis variáveis de NPK e biofertilizantes no crescimento vegetativo e no rendimento do quiabo (*Abelmoschus esculentus* L. Moench). *Veg.* Sci., **37**(1): 100-101.

Singh, J. P.; Shukla, I. N.; Gautam, R. K. S.; Singh, B. e Kumar, S. (2008). Effect of different levels of nitrogen and phosphorus under varying plant geometry on growth and yield okra [*Abelmoscchus esculentus* (L.) Moench]. *Agricultura Progressiva,* **8**(1): 21-24.

Singh, S. e Ram, A. B. (2018). Efeito de fertilizantes orgânicos, inorgânicos e biofertilizantes nas características de produção e frutificação do quiabo (*Abelmoschus esculentus* (L.) Moench). *Journal of Pharmacognosy and Phytochemistry,* **7**(5): 90-93.

Subba Rao,T. S. S. e Sankar, C. R. (2001). Effect of organic manures on growth and yield of Brinjal, *South Indian Hort.,* **49**: 288-289.

Subbiah, B. V. e Asija, G. L. (1956). Um procedimento rápido para estimar o azoto disponível nos solos. *Current Science*, **25**(8): 259-260.

Subramanian, S.; Rajeswari, M. e Chitdeswari, T. (2000). Efeito do fertilizante orgânico na conservação da humidade do solo em vertisol de sequeiro. *Madras Agric. J.*, **88**: 345-347.

Suchitra, S. e Manivannan, K. (2012). Estudos sobre a influência de insumos orgânicos no crescimento e rendimento de bhindi, coepea vegetal em várias estações. *Indian Journal of Plant Sciences,* **1**: 124-132.

Thingujam, U.; Pati, S.; Khanam, R.; Pari, A.; Ray, K.; Phonglosa, A. e Bhattacharyya, K. (2016). Efeito da gestão integrada de nutrientes na acumulação de nutrientes e no estado do solo pós-colheita de brinjal (*Solanum melongena* L.) nas condições de Nadia (Bengala Ocidental), Índia. *Jornal de Ciências Aplicadas e Naturais,* **8**: 321-328.

Tripathi, P. e Maithy, T. K. (2009). Impacto da gestão integrada de nutrientes na qualidade dos frutos e na produção de híbridos de quiabo. *Crop Res.*, **37**: 101-106.

Tyagi, S. K.; Shukla, A.; Mittoliya, V. K.; Sharma, M. L.; Khire, A. R. e Jain, Y. K. (2016). Efeito da gestão integrada de nutrientes no crescimento, rendimento e economia do quiabo (*Abelmoschus esculentus* L. Moench) nas condições do Vale do Nimar de Madhya Pradesh. *Revista Internacional de Agricultura Tropical*, **34**: 415-419.

Vala, S. C. (2007). Gestão integrada de nutrientes no quiabeiro cv. Gujarat okra-2. Tese de Mestrado (Agricultura) apresentada à Universidade de Agricultura de Junagadh, Junagadh.

Verma, B. C.; Choudhury, B. U.; Kumar Manoj; Hazarika, S.; Ramesh, T.; Bordoloi, L. J.; Moirangthem, P. e Bhuyan, D. (2017). Fração de carbono orgânico do solo e atividades enzimáticas afetadas por emendas orgânicas e inorgânicas em um solo ácido de Meghalaya. *Jornal da Sociedade Indiana de Ciência do Solo*, **65**: 54-61.

Wagh, S. S.; Laharia, G. S.; Iratkar, A. G. e Gajare, S. (2014). Efeito do INM na absorção de nutrientes, rendimento e qualidade do quiabo (*Abelmoschus esculentus* L. Moench). *An Asian Journal of Soil Science*, **9**: 21-24.

Yadav , P.; Singh, P. e Yadav, R. L. (2006). Efeito de adubos orgânicos e níveis de azoto no crescimento, rendimento e qualidade do quiabo. *Indian J. Horti,* **63**(2): 215-217.

Yadav, S. C.; Yadav, G. L.; Gupta, G.; Prasad, V. M. e Bairwa, M. (2016). Efeito da gestão integrada de nutrientes na qualidade e economia do quiabo (*Abelmoschus esculentus* L. Moench). *Revista Internacional de Ciências Agrárias,* **6**: 233-237.

Yadav, S. S. e Yadav, N. (2010). Efeito da gestão integrada de nutrientes no rendimento do quiabo na cultura zaid. *Bhartiya Krishi Anusandhan Patrika*, **25**: 2-4.

APÊNDICE - I

Dados meteorológicos médios semanais durante 2020

Semana normal N.º.	Temp. (⁰ C)		RH (%)			Velocidade do vento (km/h)	Brilho solar intenso (h)	Evapo-ração diária (mm)	Precipitação total (mm)	Dias de chuva
	Máximo.	Min.	Mor.	Eva.	Av.					
julho-2020										
27	31.7	25.5	94	89	91.5	7.3	3.0	2.1	267.6	4
28	31.3	25.9	95	89	92	6.9	0.7	1.5	118.7	6
29	32.5	26.4	94	80	87	5.8	3.4	2.9	30.1	4
30	33.1	26.3	94	82	88	5.2	3.5	3.7	37.6	1
31	33.2	25.9	86	76	81	3.6	4.6	2.9	53.8	4
agosto-2020										
32	31.3	25.5	93	83	88	6.4	0.9	1.9	203.4	6
33	28.6	25.3	96	92	94	6.9	0.0	0.1	224.4	7
34	29.3	24.9	93	87	90	6.8	0.7	0.9	133.7	5
35	30.2	24.5	96	87	91.5	6.2	2.5	1.8	250.7	4
setembro-2020										
36	33.9	25.9	84	59	71.5	2.9	8.3	4.5	0.0	
37	32.9	25.4	90	73	81.5	3.6	4.0	2.7	112.6	4
38	33.2	25.6	89	70	79.5	3.0	4.5	2.9	23.5	3
39	32.5	24.8	83	56	69.5	4.0	6.5	4.2	0.0	

APÊNDICE - II

Dados e métodos de análise do solo utilizados

Particular	Valor no solo profundidade (0-15 cm)	Método seguido
A. Composição mecânica		
1. Areia	14.01	Método Internacional da Pipeta (Piper, 1966)
2. Silte %	27.66	
3. Argila %	54.03	
4. Classe de textura	Argila	
B. Composição química		
1. pH do solo (1:2.5)	7.9	Medidor de pH (Jackson, 1974)
2. Condutividade eléctrica (dS m^{-1}) a 25^0 C (1:2.5)	0.28	Medidor CE (Jackson, 1974)
3. Carbono orgânico (g kg)$^{-1}$	5.1	Método de Walkley e Black (Jackson, 1974)
4. $CaCO_3$ %	33.05	Método de neutralização rápida com ácido (Piper, 1966)
5. CEC: C mol (p^+) kg^{-1}	36.2	Acetato de amónio normal neutro método (Black,1965)
6. N disponível (kg ha)$^{-1}$	249	$KMnO_4$ alcalino método (Subbiah e Asija, 1956)
7. P disponível O_{25} (kg ha)$^{-1}$	32.20	Método de Olsen (Olsen *et. al.*, 1954)
8. K disponível$_2$ O (kg ha)$^{-1}$	316	Método fotométrico de chama (Jackson, 1974)

APÊNDICE III

Custo fixo por hectare

Sr. Não.	Detalhes	Quantidade necessária	Taxa (Rs. por kg ou ml)	Custo total (Rs.)
A	**Custo de entrada**			
I	Custo das sementes	10	400	4000
	Total I			**4000**
II	**Proteção das plantas**			
1	Imidaclopride (ml)	123.5	5	617.5
2	Beauveria (kg)	1250	0.63	787.5
3	Profenofos + cipermetrina (ml)	1000	0.63	630
4	Metasystox (ml)	1000	0.376	376
	Total II			**2411**
III	**Eletricidade (Unidade/hora)**	334.08	4.48	1496.68
	Total III			**1496.68**
	Total A (I + II + III)			**7907.67**
B	**Custo da mão de obra**			
1	Preparação do solo com trator			6875
2	Preparação de canteiros elevados	2 h	300	600
3	Custo da sementeira (10 trabalhadores X 1=10)	10	250	2500
4	Monda (10 trabalhadores X 3=30)	30	250	7500
5	Custo de irrigação (1 mão de obra X 2) X 4 Irri.)	8	250	2000
6	Colheita (10 trabalhadores X 14=140)	140	250	35000
	Total B			**54475**
	Total (A + B)			**62382.68**

APÊNDICE IV

Custo variável por hectare

Sr. Não.	Detalhes	Quantidade necessária	Taxa (Rs. por kg ou ml)	Custo total (Rs.)
T_1	RDF (100:50:50)			
	Para o N, a fonte é a ureia (kg)	175	5.92	1036
	Para o P, a fonte é o DAP (kg)	110	24	2640
	Para, K, a fonte é MOP (kg)	83	18	1494
	Total			**5170**
T_2	FYM (t/ha)	20	500	10000
T_3	Vermicomposto (t/ha)	5	5000	25000
T_4	Biofertilizantes (*Azotobacter* + PSB +KSB)			
	Azotobacter (lit.)	2	120	240
	PSB (lit.)	2	120	240
	KSB (lit.)	2	120	240
	Total			**720**
T_5	50 % FTR + FYM (20 t/ha)			
	Para o N, a fonte é a ureia (kg)	87.5	5.92	518
	Para o P, a fonte é o DAP (kg)	55	24	1320
	Para, K, a fonte é MOP (kg)	41.5	18	747
	FYM (t/ha)	20	500	10000
	Total			**12585**
T_6	50 % FTR + Vermicomposto (5 t/ha)			
	Para o N, a fonte é a ureia (kg)	87.5	5.92	518
	Para o P, a fonte é o DAP (kg)	55	24	1320
	Para, K, a fonte é MOP (kg)	41.5	18	747
	Vermicomposto (t/ha)	5	5000	25000
	Total			**27585**
T_7	50 % FTR + Biofertilizantes (*Azotobacter* + PSB +KSB)			
	Para o N, a fonte é a ureia (kg)	87.5	5.92	518
	Para o P, a fonte é o DAP (kg)	55	24	1320
	Para, K, a fonte é MOP (kg)	41.5	18	747
	Biofertilizantes (*Azotobacter* + PSB +KSB)			
	Azotobacter (lit.)	2	120	240
	PSB (lit.)	2	120	240
	KSB (lit.)	2	120	240
	Total			**3305**
T_8	75 % FTR + FYM (20 t/ha)			
	Para o N, a fonte é a ureia (kg)	131.25	5.92	777
	Para o P, a fonte é o DAP (kg)	82.5	24	1980
	Para, K, a fonte é MOP (kg)	62.25	18	1120.5
	FYM (t/ha)	20	500	10000
	Total			**13877.5**

T₉	75 % FTR + Vermicomposto (5 t/ha)			
	Para o N, a fonte é a ureia (kg)	131.25	5.92	777
	Para o P, a fonte é o DAP (kg)	82.5	24	1980
	Para, K, a fonte é MOP (kg)	62.25	18	1120.5
	Vermicomposto (t/ha)	5	5000	25000
	Total			**28877.5**
T₁₀	75 % FTR + Biofertilizantes (*Azotobacter* + PSB +KSB)			
	Para o N, a fonte é a ureia (kg)	131.25	5.92	777
	Para o P, a fonte é o DAP (kg)	82.5	24	1980
	Para, K, a fonte é MOP (kg)	62.25	18	1120.5
	Biofertilizantes (*Azotobacter* + PSB +KSB)			
	Azotobacter (lit.)	2	120	240
	PSB (lit.)	2	120	240
	KSB (lit.)	2	120	240
	Total			**4597.50**

Printed by Books on Demand GmbH, Norderstedt / Germany